大众美好生活系列

品质生活小窍门

张晨雯 ◎ 主编

山东科学技术出版社

图书在版编目（CIP）数据

品质生活小窍门/张晨雯主编.—济南：山东科
学技术出版社，2019.5
（大众美好生活系列）
ISBN 978-7-5331-9776-6

Ⅰ.①品… Ⅱ.①张… Ⅲ.①生活－知识－基本
知识 Ⅳ.① TS976.3

中国版本图书馆 CIP 数据核字 (2019) 第 014497 号

品质生活小窍门
PINZHI SHENGHUO XIAOQIAOMEN

责任编辑：于 军
装帧设计：侯 宇

主管单位：山东出版传媒股份有限公司
出 版 者：山东科学技术出版社
　　　　　地址：济南市市中区英雄山路 189 号
　　　　　邮编：250002　电话：（0531）82098088
　　　　　网址：www.lkj.com.cn
　　　　　电子邮件：sdkj@sdpress.com.cn
发 行 者：山东科学技术出版社
　　　　　地址：济南市市中区英雄山路 189 号
　　　　　邮编：250002　电话：（0531）82098071
印 刷 者：山东新华印刷厂潍坊厂
　　　　　地址：潍坊市潍州路 753 号
　　　　　邮编：261031　电话：（0536）2116806

规格：小 16 开（170mm×240mm）
印张：11.5　字数：158 千　印数：1~3000
版次：2019 年 5 月第 1 版　　2019 年 5 月第 1 次印刷
定价：42.00 元

主　编　张晨雯

副主编　刘　霞　陈　平

编　者　王秀丽　王　静　刘纪军　刘　芹

　　　　李玉喜　李炳庆　李　瑞　李慧丽

　　　　辛　红　张玲玲　侯　丽　徐　力

　　　　徐建桥　高　鹏

编者的话

所谓"美"，自然离不开美学、美感，在你的生活中创造美、发现美，需要你放慢生活的节奏，学会品味生活并且做出智慧的选择。创造美好生活是一种艺术，或者说是一种"魔法"，能够让人的感官或者心理产生愉悦。你只有内心丰盈、恬静，怀着一颗感恩之心，才能注意到、感受到、看到存在于你身边的美。

当前人们的物质和精神生活都极大丰富了，倡导科学、健康、文明的现代科学生活方式，引导人们树立科学的人生观、富而思进，不断提高生活质量，是我们需要思考和研究的课题。我们作为现代人，要了解中国传统文化和传统生活方式，不断取其精华、去其糟粕，重新定位自己的生活方式坐标。本丛书涉及中国传统文化、品质生活、妇幼保健、家庭用药、安全用水用电等方面，让你了解什么是品质生活，如何保持健康向上的生活理念，如何解决生活细节的难题，从而更好地规划人生、品味人生、享受人生。

目　录

一、生活理念

1. 慢生活

富兰克林说过："时间就是生命，时间就是金钱"，这对大多数中国人来说是至理名言。"慢生活"的价值理念已经渗透到人们的生活、学习和工作过程中。"你不能实现慢生活，但却可以实现慢节奏、慢速度、慢饮食、慢心态。"

学会"慢生活"，可以从运动开始。慢运动可以提高生活品质，慢速度、慢动作所带来的是内心放缓。如今，"每天一万步"的健身方式相当流行，医学研究表明，每天步行 1 小时以上的男子，心脏局部缺血的发病率是不运动者的 1/4。

学会"慢饮食"。细嚼慢咽可以使唾液分泌量增加，唾液里的蛋白质进到胃里以后，可以生成一种蛋白膜，对胃起到保护作用。所以，吃饭时

细嚼慢咽的人，一般不易得消化道溃疡病。细嚼慢咽还有节食减肥的好处。

慢生活与个人资产的多少无关，也不用担心会助长你的懒惰情绪，影响你的事业，因为慢是一种健康的心态，是一种积极的奋斗，是对人生的高度自信，是一种高智、随性、细致、从容地应对世界的方式。它只会让你更高效，更优雅，更接近幸福。

（1）原因："当我们正在为生活疲于奔命的时候，生活已经离我们而去。"调查显示，90%的中国大城市白领因忙碌而处于亚健康状态。"阳光、空气、水和运动，这是生命和健康的源泉。"健康的核心就是亲近自然，顺应自然。

中国当代学者林语堂，被誉为中国古典文化的最佳传承者之一。他崇尚"自由和淡泊"、"智慧而快乐的生活哲学"。他在《生活的艺术》一书中写道："让我和草木为友，和土壤相亲，我便已觉得心满意足。我的灵魂很舒服地在泥土里蠕动，觉得很快乐。当一个人悠闲陶醉于土地上时，他的心灵似乎那么轻松，好像是在天堂一般。事实上，他那六尺之躯，何尝离开土壤一寸一分呢？"

现在中国人都在为了账单、房子而忙碌工作。中国发展节奏过快，诸多负面问题也初露端倪，影响着人们的生活。例如，资源过度消耗，环境承受着越来越大的压力；城市化发展太快，城市的房价产生了巨大泡沫；社会进入"汽车化"太快，一些大城市似乎一夜之间就变得拥堵不堪，空气质量受到威胁，还加剧了能源的紧张。欲速则不达，所有这些弊端，都成为我们要慢下来的充足理由。

（2）提出背景：当今社会，竞争白热化，每天高速度、快节奏地奔波劳碌成为城市工作和生活的主旋律。超时、超负荷工作严重损害了人们的身心健康。国内一项调查显示，84%的人认为自己生活在"加急时代"，生活节奏越来越快、压力越大越来是普遍现象。英国有位时间管理专家说："我们正处于一个把健康卖给时间和压力的时代。忙，特别是心理上的忙碌感所带来的伤害，可能超出我们的想象，那种不眠不休的工作，是一种自杀式的生活。"

在我国，也有心理健康专家适时提出了"慢生活"这一理念。我们应该静下心来思考：什么是人生的真谛？人生在金钱方面看似相对丰富了，但导致了生活质量下降，影响到个人的身心健康。专家认为，生活要归于简单，工作要抓住重点，在职场忙得焦头烂额、筋疲力尽的人士，不妨梳理梳理心理，让生活节奏慢下来。

慢生活的提出，是对国人生活质量和生存状态的一种反思，放慢生活节奏是一种技巧，同时也是健康、积极、自信的生活态度。"慢生活"没有固定模式，可以从身边的一点一滴做起，从慢一点吃饭开始，到慢走、慢运动等。有专家因此提倡"节奏慢下来，效率提上去，心态平下来，健康升上去"。

（3）**慢生活方式**：该是时候停下脚步，慢慢地享受生活了。享受亲情、爱情、友情的美好，享受树木、花朵、云霞、溪流、瀑布以及大自然的形形色色，享受艺术、旅行、读书等精神上的补给。将身心融入大自然中，是实现慢生活的一个途径。中国人大都喜欢陶渊明，他田园诗中所描绘的"有良田美池桑竹之属，阡陌交通，鸡犬相闻"，至今仍为人们所向往。在他的《桃花源记》里，因为大自然的田园风光如此之美，人的心情变得从容淡然，竟然连时间都忘记了，不知今昔是何世。

慢生活是由"慢食"发展而来的一系列慢生活方式，以提醒生活在高速发展时代的人们，慢下来关注心灵、环境以及传统文化，在工作和生活中适当地放慢速度。慢生活不是拖延时间，而是让人们在生活中找到平衡，张弛有度、劳逸结合，提高生活质量，提升幸福感。人们平时可以从以下几个方面慢下来。

①慢慢吃：吃饭狼吞虎咽，看似争分夺秒，其实既享受不到食物的美味，对健康也没有益处。从吃饭开始放慢速度，细嚼慢咽，充分享受美食带来的乐趣，还能缓解人的紧张、焦虑情绪。

②多沟通：下班回到家，吃完晚饭后，大多数人都是在看电视、上网、

玩手机中度过睡觉前的时间。将电视、电脑、手机关掉，与家人一起到户外散步，加强与人面对面的沟通，让心情真正放松平静下来。

③慢阅读：挑一本好书，每天利用半小时的时间，慢慢阅读，细细品味，既能达到良好的阅读效果，也能够给心灵带来更多的愉悦和享受。

④规律作息：失眠是快节奏生活的一个典型表现。人们应该保证每天8个小时的睡眠。到了晚上，就应该将生活节奏放慢，让身心彻底放松，最晚不超过23点睡觉，做到早睡早起。

⑤舒缓运动：选择太极拳、瑜伽、散步、慢跑等舒缓的运动，比断断续续地剧烈运动对身体有益。舒缓的运动不仅能消除疲劳，还能抚慰疲惫的心灵，缓解心理上的压力，调整身心平衡。

⑥改变出行方式：一些上班族上下班开着车，总会觉得前面的车开得太慢，心急火燎、行色匆匆。不如定期换种出行方式，改成骑车、乘公交或换乘地铁出行，路途中慢慢欣赏外面的风景，体验市井人情。

"慢生活"已渗透到生活的方方面面，吃有慢餐，行有慢游，读有慢读，写作有慢写，教育有慢育，恋爱有慢爱，设计有慢设计，锻炼有慢运动……无处不在地提醒人们放缓脚步，享受人生。慢生活并不是将每件事都拖得如蜗牛般缓慢，而是要尽量以音乐家所谓的正确速度来生活。

2. 极简主义生活

极简主义生活是对自由的再定义，简约即是身心舒适。极简主义生活一般表现为：环境简洁，物质单一，事业专注，爱情专一，社交简单，言语简短。

（1）前提："简化"是有底线的，并不是所有的生活和事务都可以被简化，所以我们应该首先考虑"简化"的前提。

①"简化"应该保留你所必需的。"简化"始终涉及一个对底线的探讨。怎样的生活才是最简单的？我们不能省略那些个人所必需的部分。例如，要不要孩子。虽然孩子是一种生活负担，但中国大多数人仍然认为孩子是

"幸福"必不可少的组成部分。所以,对大多数人而言,"孩子"就是生活不可简化的一部分。

②"简化"应该尊重个体之间的"差异性"。"简化"的标准具有个体差异性,对某些人来说是必需的东西,对你来说也许就是可以省略的。当今的家庭类型和社会结构日益多样化。如果有人认为每一个人都必然地适合于"结婚生子",那就没有充分尊重个体之间的差异性。

③"简化"应该符合"自然"和"容易"的标准,不然难以持久。例如,我们刚刚收拾完房间的时候,看起来会非常整洁。但是,过了一段时间之后,它又重新开始混乱。原因也许在于我们没有照顾到日常生活的需要,把一些经常使用的物品统统放进了柜子里,这样"高难度"地保持整洁,势必难以长久。

④"简化"不能改变太多或太剧烈。"简化"之后不能让人感到极大的不适应。我们的生活应该保持相对的稳定,争取"稳中有变",而不是进行剧烈的、跳跃性的转变。

⑤从总体来评估"简化"的效果。我们不能简化了某些部分,而使其

他部分变得更加复杂，否则，那不是"简化"，那是变相的"复杂化"。我们对生活应该有一个通盘的考虑，并需要从总体上来评价"简化"的效果。

⑥ "简化"是对于自己的生活而言的。"极简"本身只是一种最终的目标或趋向，而不是固定的标尺，也不是一个确定的、适合于每一个人的相同标准。我们无法说，谁的生活、怎样的生活能称为"极简主义生活"。实际上，每一个人的生活很难与其他人的生活相比较。但我们能够说，相对于你以前更为繁忙的生活，你现在的生活已经进行了最大可能的"简化"，并且不能再被"简化"了，这就是"极简单主义生活"。

（2）断舍离：日本美学有一种叫做宅寂之美，它讲的是简约、静谧和禅韵。断舍离就是要将物消减到本质，但不剥离它的韵味，保持空间、物的干净纯洁，却不剥夺生命力的一种表现方式。这应该就是断舍离物化方面所追求的精髓吧。把自己从过多的负累中解脱出来，腾出空间、时间和精力，真诚对待每件物品、每件事和每个人，慢慢过上既轻快又有品质的生活。它不强迫自己在过多的选择和应对中面面俱到，却又对精挑细选后的周围事物保持一定的自律不松懈，不费力地刚刚好，就是断舍离要追求的生活状态。身边的杂物越堆越多，却怎么都丢不掉，因为"舍不得"、"好可惜"；不断地买新东西，怎么都停不了手，因为"万一没有……"、"总有一天会用到"；想把屋子收拾干净却迟迟不肯行动，因为收拾"很麻烦"、"费时间"……

通过学习和实践断舍离，人们将重新审视自己与物品的关系，从关注物品转换为关注自我——我需不需要，一旦开始思考，并致力于将身边所有"不需要、不适合、不舒服"的东西替换为"需要、适合、舒服"的东西，就能让环境变得清爽，也会由此改善心灵环境，从外在到内在，彻底焕然一新。

断舍离非常简单，只需要以自己为主角，而不是以物品为主角，去思考什么东西最适合现在的自己。只要是不符合这两个标准的东西，就立即淘汰或是送人。

通过实践断舍离，人们将清空环境、清空杂念，过上简单清爽的生活，

享受自由舒适的人生

（3）具体方法：

①约简：极简主义生活方式遵循"减法"原则，例如，去除一些无聊的应酬、不必要的人际交往和多余的工作等等。只有去除繁芜，才能突出一些具有决定性意义的关键任务，才能把有限的时间和精力投入其中。去除繁芜的一个前提是，在特定的时间段内应该有一个或几个明确的中心目标，并能够简化自己的欲望，约束自己的行为。例如，有人上网本来是为了查询某个特定的信息，但不停地被网页上其他的内容所吸引，从一点游走到另一点，结果在不知不觉中浪费了大量的时间，却依然没有完成原来的任务。

②重复：重复在这里，并不是一个使生活复杂化的贬义词。所谓"重复"，是指相同的部分在不同时段或空间内反复出现。在极简主义音乐之中，就存在单一曲调的重复。相同的音节或音素的反复出现，使曲调大大简化，形成了清淡、平静和从容的音乐风格。我们可以用重复的方法让生活变得简单。因为重复有多种功能，它可以减少对感官的刺激，减轻记忆负担等。我们的手机号码如果是三连号（3个号码连续重复），那么记忆的负担就会减轻很多。这种"简化"，就是通过降低新事物、新情境对人的刺激而实现的。当新情境出现的时候，我们被迫耗费更多的精力去适应，并时刻要提防意外的发生，因而保持了高度的警觉。当生活"重复"时，一切就能驾轻就熟。

③秩序：极简主义生活也强调维持生活的秩序。只有遵循生活的秩序，才能带来真正的简单。在不应该简化的地方偷工减料、省时省钱，往往会把事情搞得更加复杂。例如，我们应该保持办公室的秩序，即使每天需要多花几分钟的时间，也要把书籍、纸笔和文件放回原处，把办公桌收拾得井井有条，逐渐形成良好的习惯。

④高效：极简主义生活不等于什么都不干，而是要提高时间的利用率，无论这些时间是用于休闲，还是工作。精力集中地做工作，或完全放松地

享受闲暇时间，都能使我们精力充沛、神采飞扬，并相对地拥有更多的时间。时间的有限性则迫使我们集中精力，不允许自己拖延和怠慢工作，并计划好怎样休息和娱乐。

"简化"生活集中体现了"极简主义"崇尚理性、规则、秩序、高效的现代主义风格，能"化繁为简"，减轻人们的压力和负担。"极简主义"更多地指向一种生活态度和价值观念。

3. 低碳生活

低碳生活（Low Carbon Living），就是指在生活中要尽力减少所消耗的能量，特别是二氧化碳的排放量，从而减少对大气的污染，减缓生态恶化。主要是从节电、节气和回收 3 个环节来改变生活细节，减少对生活的污染。

低碳指较低（更低）温室气体（二氧化碳为主）的排放，低碳生活可以理解为：减少二氧化碳的排放，低能量、低消耗、低开支的生活方式。低碳生活意味着更健康、更自然、更安全，返璞归真地去进行人与自然的活动。当今社会，随着人类生活发展，生活物质条件的提高，对人类周围

环境也带来了影响与改变。低碳生活对于普通人来说是一种生活态度，同时更是一种可持续发展的环保责任。

如今低碳这种生活方式已经悄然走进中国，不少低碳网站开始流行一种有趣的计算个人排碳量的特殊计算器，以生动有趣的动画型式，不但可以计算出日常生活的碳排放量，还能显示出不同的生活方式，住房结构以及新型科技对碳排放量的影响。

低碳是人们推进社会进步的新方式，我们要注意节电、节气、熄灯1小时……从这些生活点滴做起。除了植树，有人买运输里程很短的商品，还有人坚持爬楼梯，形形色色，有的很有趣，有的不免有些麻烦。但前提是在不降低生活质量的情况下，提高"节能减排"意识，改变自己的生活方式或消费习惯，一起减少全球温室气体（主要减少二氧化碳）的排放，意义十分重大。"低碳生活"节能环保，有利于减缓全球气候变暖和环境恶化的速度。

低碳生活是一种经济、健康、幸福的生活方式，它不会降低人们的幸福指数，相反，会使我们生活得更加幸福。

（1）背景：200多年来，随着工业化进程的深入，大量温室气体（主要是二氧化碳）的排出，导致全球气温升高、气候发生变化，这已是不争的事实。倡导和践行低碳生活，已成为每个公民建设生态文明义不容辞的环保责任。

低碳生活虽然主要靠人们自觉转变观念加以践行，但也需要政府营造一个助推的制度环境，包括制订长远战略，出台鼓励科技创新等政策，实施财政补贴、绿色信贷等措施，也需要企业积极跟进，加入发展低碳经济的"集体行动"。实现低碳生活是一项系统工程，需要政府、企事业单位、社区、学校、家庭和个人的共同努力。

（2）温室效应的危害：美国媒体2009年12月5日发表的一项研究成果指出，地球"发热"也给人类的健康造成了巨大危机。

①过敏加重。研究显示，随着二氧化碳水平和温度的逐渐升高，花期

提前来临，让花粉生成量增加，使人们春季过敏症状加重。

②物种正在变得越来越"袖珍"。随着全球气温上升，生物形体在变小，这从苏格兰羊身上已现端倪。

③肾结石患者增加。由于气温升高、脱水现象增多，研究人员预测，到2050年，将新增泌尿系统结石患者220万人。

④外来传染病暴发。水环境温度升高会使蚊子和浮游生物大量繁殖，使登革热、疟疾和脑炎等病症时有暴发。

⑤夏季温度升高，凉风减少会加剧臭氧污染，极易引发人的肺部感染。

⑥藻类泛滥引发人类疾病。水温升高导致蓝藻迅猛繁衍，从市政供水体系到天然湖泊都会受到污染，从而引发人的消化系统、神经系统、肝脏和皮肤疾病。

（3）低碳生活方式：在提倡健康生活的今天，"低碳生活"已不再是一种理想了，更是一种"爱护地球，从我做起"的生活方式。

每天的淘米水，可以用来洗手、洗脸、洗去含油污的餐具、擦家具、浇花等，干净卫生，天然滋润。

将废旧报纸铺垫在衣橱的最底层，不仅可以吸潮，还能吸收衣柜中的异味；废旧报纸还可以擦洗玻璃，减少使用污染环境的玻璃清洁剂。

用过的面膜纸可以用它来擦首饰、擦家具的表面或者擦皮带，不仅擦得亮，还能留下香气。

浸泡过后的茶叶渣，把它晒干，做一个茶叶枕头，既舒适，又能帮助改善睡眠；茶叶渣还可以用来洗碗，作手工皂的原材，晒干后可吸异味。

出门购物尽量自己带环保袋，无论是免费或者收费的塑料袋，都要减少使用。出门自带喝水杯，减少使用一次性杯子。

多用永久性的筷子、饭盒，尽量自带餐具，避免使用一次性的餐具。

养成随手关闭电器电源的习惯，避免浪费电力。

尽量不使用空调、电风扇，不太热时可用扇子降温。

夏天开空调前打开窗户通风换气，开电风扇让室内先降温，再开空调

（调至 25 ~ 26℃，最好 26℃以上），用小风，这样既省电也低碳。

用过的塑料瓶，洗干净后可用来盛各种液体物质（也可以盛放一些豆类）。

食物废料、残渣，可以用作肥料。

短途出行建议坐公交车、地铁，或者骑自行车，少开一天车，减少尾气排放。

少用纸巾，重拾手帕，保护森林，低碳生活。

每张纸都双面打印、双面写，充分利用。

随手关灯、开关、拔插头，也是个人修养的表现；不坐电梯，爬楼梯，省下大家的电，换自己的健康。

洗澡水可以涮拖把，冲洗马桶。

关掉不用的电脑程序，减少硬盘工作量，既省电又维护你的电脑。

认为把水龙头开到最大，才能把蔬菜、盘碗洗干净，那只是心理作用。

可以理直气壮地说，衣服攒够一桶再洗，不是因为懒，而是为了节约水电。

把一个孩子从婴儿期养到学龄前，花费确实不少，部分玩具、衣物、书籍用二手的就好。

定期检查轮胎气压，气量过低或过足都会增加油耗。

定期清洗空调，不仅为了健康，而且可以省不少电。

洗衣机开强挡比开弱挡更省电，还能延长机器寿命。

电视机待机时的耗电量是开机时的 10% 左右，这笔账算起来还真不少。

冰箱内存放量以 80% 为宜，放得过多或过少都费电。

衣服多选棉质、亚麻和丝绸，不仅环保、时尚，而且优雅、耐穿。

在午休和下班后，关掉电脑电源；手机一旦充电完成，立即拔掉手机充电插头。

少买不必要的衣服。服装在生产、加工和运输过程中，要消耗大量的能源，同时产生废气、废水等污染物。每人每年少买一件不必要的衣服，可节约 2.5 千克标准煤，相应减排二氧化碳 6.4 千克。如果全国每年有 2 500 万人做到

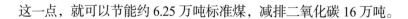

这一点，就可以节能约 6.25 万吨标准煤，减排二氧化碳 16 万吨。

4. 乐活

乐活（LOHAS）是 Lifestyles of Health and Sustainability 的缩写，意为健康、自给自足地过生活，是全球兴起的一种健康可持续生活方式，是 1998 年美国社会科学家针对人类"健康衰退、心灵空虚、关系疏远、资源紧缺"提出的健康生活方式。

乐活族是一群重视健康、关爱环保的群体，以健康、环保、时尚、有机、天然、绿色为消费观念。在欧美，4 个人中就有 1 个人是乐活族，仅在美国就有 40% 的成人（约 8 千万人）是乐活族。中国有 3 000 万乐活族，1 亿准乐活族。乐活族强调"健康、可持续的生活方式"。"乐活"是一种环保理念，一种文化内涵，一种时代产物。它是一种贴近生活本源，自然、健康、精致的生活态度。

乐活就是在消费时，会考虑到自己和家人的健康，以及对生态环境的责任心。"乐活族"的态度是乐观和包容的。"乐活"强调过健康、快乐的日子，认为关心环境生态，等于关心自己。

（1）理念介绍。

"健康、快乐、环保、可持续"是乐活的核心理念。他们关心"生病"的地球，也担心自己生病，他们吃健康的食品与有机蔬菜，穿天然材质棉麻衣物，使用二手用品，骑自行车或步行，练瑜伽健身，听心灵音乐，注重个人成长。

"乐活族"是乐观、包容的，他们通过消费、透过生活，支持环保、做好事，自我感觉良好；他们身心健康，每个人也变得越来越靓丽、有活力。这个过程就是：Dogood、Feelgood、Lookgood（做好事，心情好，有活力）。

由于乐活理念顺应了社会发展的大趋势，乐活生活方式早已流行于欧美发达国家，在中国也鲜明地提出了"乐活"的十二项主张，即完善自我、阳光生活、自由创造、强健身体、绿色饮食、简约消费、快乐平和、善待他人、

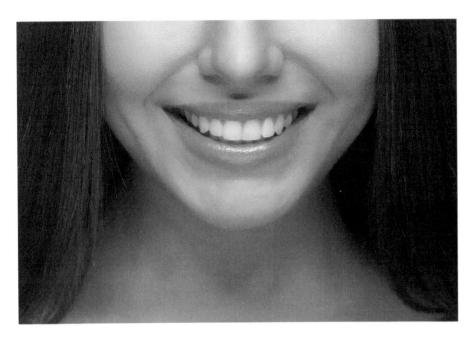

亲近自然、保护环境、热心公益、主动分享等。

"乐活"是一种贴近生活本源，自然、健康、和谐的生活态度。从日常生活中的"衣、食、住、行"到高科技数码产品……乐活，正逐步渗透到我们的思想观念和生活的方方面面。

（2）遵循准则。

坚持自然温和的轻慢运动。

不抽烟，也尽量不吸二手烟。

电器不使用时关闭电源，以节约能源。

尽量选择有机食品和健康蔬食（素食），避免高盐、高油、高糖。

减少制造垃圾，实行垃圾分类和回收。

亲近自然，选择"有机"旅行。

注重自我，终身学习，关怀他人，分享乐活。

积极参加公益活动，如社区义工、支教等。

支持社会慈善事业，进行旧物捐赠和捐款。

节约用水，将马桶和水龙头的流量关小，一水多用。

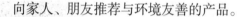

向家人、朋友推荐与环境友善的产品。

减少一次性筷子和纸张的使用，珍惜森林资源。

减少对手机的使用。

穿天然棉、麻、丝材质的服装。

（3）"乐活族"生活主张。

价值：崇尚义利合一、天人合一与身心灵均衡发展的价值观，树立离苦得乐、与自然和他人共乐的人生观，主动放弃违背道德、健康、环保与可持续的"不乐活"的思想理念，树立人与自然、人与社会、传统与现代、国内与国际都能和谐共生的科学发展观。

定位：既不盲目崇洋，又不刻意复古，行走于经典与时尚之间，东方与西方之间。

风格：降低自身的欲望，放慢生活的节奏，平缓自己的呼吸，减少浮躁的行动，逐渐体验慢生活、简单生活、宁静生活与悠闲生活的价值趣味。

饮食：认同"青菜、豆腐保平安"的饮食理念，崇尚素食与有机食品，支持有机农业与有机农场；喜欢自家的饭菜与在家吃饭，少吃经过工业加工的食品；崇尚慢食，重视餐饮的品位与乐趣，优先选择慢食餐厅与素食餐厅；在阳台与房前屋后种植蔬菜瓜果，支持或参与有机农场的发展。

服装：穿衣洁净，优先选择纯棉、全麻等天然面料的服装。

家居：优先选择节能减排的环保建筑或绿色建筑，采用简洁、环保与安全设计方案、装修材料，优先选择天然与有机面料的家纺用品；减少像赌博、吸烟、酗酒等对人身心产生消极因素的活动，增加喂养宠物、养花种草、琴棋书画、散步健身、武术体育与手工制作（DIY）等有利于愉悦身心的活动；设置书房，增加家庭藏书，培养家庭成员的学习习惯。

交通：多走路，少坐车；多坐公交车，少开车；购买环保车；优先选择人力车、畜力车、自行车、电动车与轮船等交通工具。

购物：乐活族拥有改变世界的伟大力量——购买力，只要有利于健康与环保，就愿意购买没有品牌，即使贵一点的乐活产品。否则，只要有损于健康，不利于生态环境，即使价廉物美的名牌产品，也拒绝购买。

产业：乐活教育是一切乐活产业的先导，有机农业是所有乐活产业的基础，乐活产业是中国文化创意产业的核心；吸收国际有机农业的先进经验，继承中国传统农业的既有优势，扩大城市有机产品市场，彻底改变中国食品安全危机，是拉动巨大内需的有效途径；参与和推动五大乐活产业——以新能源与节能减排产品为代表

的可持续产业、以天然与有机产品为代表的健康生活产业；以生态环保型家用品与办公用品、环保家电、生态环保旅游等为代表的生态生活产业；以中医中药为代表的新型医疗产业；以教育培训、瑜伽、灵性产品等满足人身心灵需要的个人发展产业。

（4）"乐活族 DNA 检测"。

用无磷洗衣粉、无氟冰箱，尽可能少地使用空调和超市塑料袋，环保意识很强。

注重自我，终身学习，关怀他人，乐于与他人分享自己的价值观。

不抽烟，也尽量不吸二手烟。

坚持自然温和的轻慢运动。支持社会慈善事业，进行旧物捐赠和捐款。

对针灸、按摩等"另类医疗"情有独钟。

经常运动、适度休息、均衡饮食，不把健康的责任丢给医生。

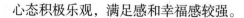
心态积极乐观，满足感和幸福感较强。

对房子的通风采光要求很高，希望有一个大阳台。

容易被住宅技术中的"绿色、健康、环保、节能"等概念吸引。

（5）积极打造。

①衣：减少衣服干洗的次数。贴身的衣物如内裤、内衣、每天洗脸的毛巾，试着选购有机衣料。将不需要的衣物送至回收机构。尽量穿棉、麻、丝等天然面料的衣服。

②食：购买当季蔬菜水果，可避免过多的农药残留。购买本地食物，可降低运送燃料的消耗和减少多余包装。尽量多选用植物性饮食。出外就餐自带筷子、水杯、饭盒。

③住：换面积较小、通风采光好的房子。用自然提炼或可生物分解的清洁剂。水槽下放水桶，回收废水做家务清洁。尽量开窗，减少使用空调。

④行：尽量搭乘公共交通工具，还可以增加运动量。健走是一项很好的运动，既环保又不花钱。定期保养爱车，既达到车子最佳性能，又不浪费油。如果想买车，考虑环保车。

二、健康美食

1. 识别注水猪肉

观察瘦肉淡红带白，细嫩有光泽，甚至有水外渗，就是注水的猪肉。若肉色鲜红，则为未灌水的猪肉。用手摸瘦肉丝毫不黏手的，即注水的；如黏手，则未注水。取一张白纸贴在肉上，如果纸很快就会湿透，则是注了水的猪肉；若纸未很快湿透，上面沾有油渍，则表明未注水。贴纸法还可用于牛肉、羊肉是否注水的鉴别。

2. 识别优质牛羊肉

首先，用眼看。新鲜羊肉色泽均匀，鲜红有光泽；老羊肉颜色暗红，外表无光泽。其次，用手试。新鲜羊肉细致紧密，富有弹性，略干不黏手；反之，不新鲜的羊肉松弛粗糙，无弹性，有黏液溢出。最后，闻气味。新

鲜的羊肉闻起来气味新鲜正常，没有异味；劣质羊肉略带酸味或氨味，甚至隐隐发臭。

新鲜牛肉的表面呈均匀红色，剖面有光泽，肌肉间无脂肪杂质，脂肪洁白或淡黄色，摸起来有一层风干膜，弹性好、不黏手，肉质坚细，有鲜肉味。变质牛肉颜色暗淡，肉质较粗，脂肪为黄色，有异味。用一张纸贴在牛肉表面，如果纸很快湿透，则为注水牛肉。

肉质较老的牛、羊肉肉色深红，肉质较粗糙；鲜嫩的牛、羊肉为浅红色，脂肪为淡黄色，洁净有光泽，切面微微湿润，肉质坚而细，用手指按压，肉质富有弹性，不发黏，烹制时易熟，食之鲜嫩。如果牛、羊肉看起来鲜嫩，湿润而有水分渗出，则为注水牛、羊肉。

3. 鉴别健康活禽

购买活禽时要挑选健康无疫病的。通常健康的活禽有以下特点：一是鸡、鸭、鹅头颈高昂，羽尾上翘，冠部直立柔软而颜色鲜红；二是眼

睛有神，转动灵活；三是嘴部紧闭，干燥而无分泌物；四是嗉囊内无积水、积食或气体，胸肌丰满不突出；五是羽毛光滑、饱满，两翼紧贴身体；六是脚爪粗壮有力，行动灵活自如。

柴鸡即散养鸡，多为农家用粗饲料喂养，不但肉质鲜美而且营养也更均衡，脂肪含量较低。如何识别柴鸡很简单，仔细观察鸡爪即可。圈养鸡活动较少，因此脚短、爪粗而圆，肉质较厚；散养柴鸡正好相反，脚掌粗糙，脚爪又细又长，尖而有力。

4. 如何选购青菜

在选购茄子时，判断茄子的老嫩可以看"眼睛"，也就是萼片与果实连接处的一个白绿色的带状环。"眼睛"越小，茄子越老；相反，"眼睛"越大，茄子越嫩。

在挑选胡萝卜时，要选择那些颜色比较均匀、短小、坚硬、肉厚、口感酥脆的胡萝卜，这样烹制起来口感更好，营养也更丰富。

鲜嫩的黄瓜长且直、粗细比较均匀，颜色看起来鲜嫩而倍有光泽，不能选择那些肚大子多、颜色发暗的黄瓜。一般新鲜的黄瓜表面都有硬挺扎手的刺，如果黄瓜头上仍有小黄花，则更加新鲜。

好冬瓜通常个体较大，形状比较均匀，表皮上有一层白霜似的茸毛，没有任何疤痕，分量重，肉质结实细嫩，而且闻起来有一种清香的瓜味。

新鲜的山药表面比较光滑，不磨手，没有不规则的疤痕；形状笔直，粗细均匀；切口颜色不发黑；用手掂一掂，分量较重。

要挑选那些微黄的金针菇，如果颜色太黄，有可能是长老了。另外，菌盖未开的金针菇通常会比较鲜嫩。一些金针菇有可能被硫黄熏过，可以在买的时候闻一下，如果有像臭鸡蛋那样刺鼻的味道就不要购买。

要挑选一些肉质厚实、大小适中、色泽均匀的香菇。香菇柄应该短而粗壮、结实，菌伞半开，菌褶齐整等，这样的香菇质量比较好，营养价值更高。

挑选莲藕时不能只看颜色，有些藕看上去发白，显得非常鲜嫩，事实上，过于发白的莲藕有可能是商贩使用化学制剂浸泡而成的，对人体健康十分不利。正常的新鲜莲藕外表发黄，表皮比较光滑，藕节短粗，藕节间距较长，外形饱满，无明显外伤和异味，通气孔大，这样的莲藕成熟度适宜，口感脆嫩，香甜多汁。

5. 选择蔬菜有学问

（1）色泽：科学家发现，蔬菜营养价值的高低与颜色有着密切的联系。颜色深的蔬菜营养价值较高，颜色浅的蔬菜营养价值较低。这是因为维生素 C、胡萝卜素与叶绿素的分布呈平行关系。深绿色的新鲜蔬菜中含维生素 C、胡萝卜素较高，维生素 B_2、无机盐在绿叶蔬菜中含量也较高。另外，胡萝卜素在橙黄色、黄色、红色的蔬菜中含量亦较高。

（2）部位：蔬菜有根、茎、叶、花、果实，对于同一种蔬菜不同部位的营养素含量是不同的。根部的营养素含量相对较高，其次是皮，然而由于农药的大量使用，很多时候不得不削皮。蔬菜叶所含的维生素、无机盐、纤维素都较高，如芹菜叶就比茎的营养价值高，胡萝卜的外部比内部的营养价值高。

（3）时令：反季节蔬菜与时令蔬菜是有所区别的。温室栽培的大棚蔬菜往往外观好看，但味道却不如露天栽培的时令蔬菜。

（4）是否有污染：在泥土中的蔬菜，如鲜藕、土豆、芋头、胡萝卜、冬笋等，一般不施用农药，即便施用了农药，由于生长在泥土中，残留农药也会被泥土吸收分解。抗虫力强的蔬菜，如白菜、芹菜、番茄、菠菜等，一般施用农药较少。

6. 如何选购水果

选购苹果时，要挑选色泽鲜艳、表皮光洁的，这样的苹果成熟度适中。用手掂一掂分量，用指尖轻轻敲弹，较沉、声音清脆的多是好苹果。好苹果气味芳香，口感脆嫩，好吃又有营养。

优质梨的外形端正，有果柄，因品种不同外皮可呈青、黄、月白色，

且光滑无虫眼；挑选花脐处凹坑最深的梨购买，这样的梨清脆可口，汁多鲜嫩。

挑选西瓜时，一只手将西瓜托起，另一只手弹瓜，托瓜的手感觉有震荡的是熟瓜，没有震荡的是生瓜。用手指拍西瓜，声音混浊沉重的是熟瓜，清脆的是生瓜；抱起西瓜，放在耳边，用两手轻轻挤压，发出裂声的是熟瓜，没有裂声的是生瓜。熟瓜的脐部凹入较深，生瓜凹入较浅，熟瓜皮色灰暗，生瓜鲜嫩明亮。

优质果实一般每个80～120克，而使用膨大剂后重量可达150克以上。其次优质果多为长椭圆形，呈上大下小状，果脐小而圆，果毛细而不易脱落，切开后果心翠绿，酸甜可口；使用膨大剂的果实不规则，果脐长而肥厚，果皮发绿、果毛粗硬而易脱落，切开后果心粗，果肉熟后发黄。

在选购橘子时，表皮呈深黄色、闪亮有光泽的为优质果；不要挑选灰黄色或深绿色，且表皮有孔的橘子。还可把橘子拿在手中，轻捏表皮会挤出一些芳香的油脂，可闻到扑鼻的清新香气，这样的橘子汁多味美。

挑选水分丰富的橙子，果脐小而不凸起；个头不要太大，因为个头越大在果梗处越易失水，口感不佳；表皮有硬度、薄厚均匀的橙子，水分充足，口味甘甜；此外，高身的橙子更甜，俗话说："高身橙，扁身柑，光身橘。"

7. 怎样挑选海鲜、河鲜

首先，鱼体要完整，鳞片没有损坏；其次，要看鱼的眼睛，清晰透明则是新鲜的，模糊混浊表明时间较长了；最后，还要注意鱼鳃是否有异味，用手指轻戳鱼肉，有弹性的就是新鲜的鱼。

新鲜虾的颜色光亮，且越深越好，虾脚的颜色发红；用手轻碰，鲜活的虾会乱蹦，捏一捏，肉质不干、不软，富有弹性。如果头部的壳下有黑斑，则说明是病虾，不宜购买。

虽然海蟹不同于河蟹，而必须要食用鲜活的，但也要尽量挑选新鲜的。新鲜的海蟹蟹壳呈青灰色，两端的壳尖无损伤，蟹螯和蟹爪完整无脱落，且关节处有弹性。鲜活的海蟹眼睛突出，口边有吐出的泡沫，若将螃蟹提起，蟹爪不松弛下垂。

河蟹肉质鲜嫩、营养丰富，深受人们的喜爱。雌蟹腹脐呈圆形，雄蟹腹脐呈三角形。但无论是雌蟹还是雄蟹，挑选时一定要买活的，因为死蟹的体内积累了毒素，是不能食用的。新鲜肥硕的河蟹外壳有光泽，呈青绿色，腹脐拱起。此外，观察螯足上的绒毛，越浓密说明螃蟹活力越强。不要购买黄壳蟹，一般都较为瘦弱或是未完全长成。

优质的海参个体粗长而完整，大小整齐，肉肥厚，肉刺齐全挺拔无损伤，开口外翻且端正，腔内无余肠、泥沙，有新鲜光泽感，干度足，其含水量不超过15%。劣质海参肉薄、刺软、颜色灰暗无光泽，肉刺发脆的海参可能是用明矾加工过的，尽量避免购买。

8. 怎样保存蔬菜

叶菜类蔬菜的最简单保鲜方法是利用旧报纸，在叶片上喷点水，然后用报纸包起来，茎部朝下、菜叶朝上，放入冰箱的冷藏室即可。日本的科研人员在研究中发现，如果按蔬菜自然生长的状态，即直立的方式存放，蔬菜可维持光合作用，叶黄的速度比较缓慢。如果只是毫无规则地把蔬菜堆放在一起，蔬菜老化得很快，营养成分也会迅速降低。将苹果的果梗朝下存放，要比果梗朝上存放老化得快。因此，当我们一次购买较多的蔬菜、水果时，要注意直立摆放整齐，不要随意堆放。

（1）大白菜：大白菜适宜存放在阴凉通风处。先将大白菜放在太阳下略晒，待外层叶子发蔫时便可储存。储藏白菜时不要撕去最外层的帮叶，因为撕一层就要往里干一层。如果冬天温度太低，可用食品塑料袋将大白菜的根部套上，可防止根部受冻变坏。

（2）芹菜：将芹菜整棵用旧报纸包裹起来，再用绳子扎好；然后在阴凉处放置一个水盆，使芹菜的根部竖立在水盆内，这样可维持芹菜1周左右不脱水、不变色，再吃时仍然脆嫩爽口。

（3）土豆：在储存土豆时，要避免土豆发芽变质。把土豆装入竹筐、麻袋或纸箱中，撒上一层干燥的沙土，放在阴凉、干燥处保存，这样能延长土豆的保鲜期。

（4）番茄：番茄营养又美味，适合每天食用。存放时可将其在阴凉通风的地方，用半干的干净毛巾覆盖，即可保持新鲜。如果番茄较多，可放入保鲜袋中，封紧袋口，每天取用时打开袋口通风几分钟即可。如果发现袋内有水蒸气，要马上擦干，避免番茄腐烂。这样储存的番茄，可保鲜1个月左右。

（5）蘑菇：先将蘑菇洗净，去除根部的杂质，然后放入盐水中浸泡10～15分钟。捞出后沥干水分，装入保鲜袋内，在10～25℃条件下放置4小时，蘑菇的外表会变得色泽鲜亮，能保鲜3～5天。

（6）大葱：清水浸的方法，冬季选择葱白粗大、不烂的大葱，葱根朝下竖直放入水盆中，大葱会继续蔓长。晾晒法，将大葱的叶子晒蔫，不要去掉，捆好，把根朝下垂直放在阳台的阴暗处。

（7）鲜姜：选择质量好的大块姜，埋入潮而不湿的细沙土或黄土中，冬季要放在较暖的干燥通风处。如无空地，也可将生姜埋入花盆或装了沙土的通风处。或者，将鲜姜装入纸袋或塑料袋内，11 ~ 14℃低温存放。

9. 轻松剥掉番茄的皮

将番茄的皮轻轻划几刀，割成橘瓣状，然后放入沸水中，水要没过整个番茄。浸泡30 ~ 60秒西红柿皮就会自动裂开，再放入凉水中冷却，即可轻松去皮。还可以用勺子像刮土豆皮一样在番茄表面刮一遍，使番茄的皮肉分离，然后再剥皮就很容易了。

10. 洗刷蔬果更干净

有一些蔬菜和水果因表皮纹路较深，如苦瓜、桑葚、桃子等，不太容易清洗干净，可以用废旧的小牙刷刷洗，方便快捷。但要注意的是，尽量用短的软毛刷子，不要用硬的长毛刷子，否则，会对蔬果表面造成损伤。在刷洗果蔬后，再用清水冲洗1 ~ 2遍，清洗农药残留。在烹制或者食用蔬果之前，将蔬果浸泡在水中，加入少许蔬果清洁剂，30 ~ 50分钟后再清洗干净即可。或将蔬果放入食用碱水中，也可去除农药残留，最后一定要将碱水洗干净。

消除蔬菜农药残留四法。

（1）煮：烹调前，将洗净的青菜放入锅中略煮一下，可清除70%以上的农药残留。此法适宜于茄子、番茄等。

（2）洗：对菠菜、小白菜、韭菜等不宜煮的蔬菜，可在水中反复冲洗后，再放入盐水中洗一下，可有效清除残毒。

（3）浸：对包心菜、大白菜等，可先将其切开，用水浸泡1 ~ 2小时，再用清水反复清洗。

（4）削：对胡萝卜、萝卜、马铃薯、冬瓜、南瓜等，先削去皮，再用清水洗。

11. 巧切蔬菜

（1）切洋葱：很多人在流水中切洋葱，这样虽然不会刺激眼睛，但是也浪费了水。把洋葱放入冰箱中冷藏或在凉水中浸泡，5~10分钟后取出再切，就不会流眼泪了；或者将洋葱头尾去掉，将其一切两半，放在凉水中浸泡10分钟，也有同样的效果。洋葱外形较圆，而且层层包裹，一切开就全散了。如果需要切出大小均匀的洋葱丁，可以先将洋葱的头切掉，把外层的老皮剥去。先纵向切，注意不要切到底，然后再横着切，最后再把洋葱的尾部切掉即可。

（2）切番茄：切番茄时，大量的番茄汁会流淌出来，导致水分和营养成分流失。把番茄的蒂放正，依照番茄的纹路小心切下去，就能使番茄的种子与果肉不分离，而且不会流汁。先将番茄放入冰箱里冷冻10分钟左右，再用刀切成片或者块，番茄汁也不会流出。

（3）切蓑衣黄瓜：酸酸甜甜的蓑衣黄瓜不但清脆爽口，而且也十分好看。要想切出好看的蓑衣黄瓜则需要一点技巧，那就是切开但不能切断。如果刀法不熟练，可以在黄瓜两侧垫上两根筷子，这样就不会将黄瓜整个切断。

（4）切山药和芋头：山药和芋头味道鲜美，但处理起来令人头疼，因为沾过黏液的双手感觉痒痒的，如果戴上手套刮皮或切块又很容易打滑。如果在洗切山药之前，用食盐涂抹双手，然后放在火上稍稍烤一下，就可以放心地处理山药或芋头了。此外，用食用醋代替食盐也有同样的效果。

（5）切土豆丝：把土豆去皮后冲洗干净，放在砧板上用刀切一片。把光滑的切开面放在砧板上，再一片一片地切。把3~4片土豆叠在一起，再切成细丝。最后把切好的土豆丝泡在水里静置片刻，这样土豆就不会变色了。制作菜肴时把土豆丝捞出来，烹饪即可。

12. 巧配调味汁

（1）姜汁：姜汁适用于调味姜汁扁豆、姜汁菠菜、姜汁松花蛋等凉菜。准备生姜、盐、食醋、味精、香油适量，先将姜洗净，去皮剁成碎末，然后将姜末、香油、盐和味精盛入小碗内拌匀，放入食醋搅拌均匀即可。

（2）葱油汁：葱油汁适用于烹制葱油鸡、葱油鱼、葱油豆腐等。准备葱白、植物油、盐、味精及适量的凉开水。将葱白剁成细末，盛入小碗；植物油在火上加热至高温，浇入碗内并充分调匀，即有葱油香味溢出；再加入凉开水，放入盐、味精，搅拌均匀即可。

（3）红油汁：先准备辣椒粉、植物油、酱油、鸡精和适量的葱花。辣椒粉放入小碗内，将植物油在锅中加热至冒烟，浇入即成红油。再加入酱油、鸡精和葱花，调和均匀。红油汁咸香味辣，荤菜、素菜均适用，如红油鸡丝、红油鲜笋等。

（4）花椒油：首先将花椒用温水洗一下，然后碾碎或捣碎，颗粒越小越好，放入碗中；将食用油倒入热锅中，一边加热一边取几个干红辣椒，用手掰开，放入油中；用大火加热至油温升高，辣椒微煳，即把锅从火上移开。把辣椒油浇到花椒上，加入适量盐和香油调味即可。食用时，可将花椒和辣椒用勺滤去，撇油食用。

（5）糖醋汁：在锅中倒入少量的油加热，放入葱、姜、蒜末爆香，然后将糖和醋按照 3 ：2 同时加入锅中。随即加入酱油、盐和鸡精调味，用水淀粉勾芡至浓稠状即可。注意熬制糖醋汁时不要加水，浓稠可用水淀粉适度调整。

13. 做菜时加入葱、姜、蒜、椒要合理

葱、姜、蒜、椒，人称调味"四君子"，不仅能调味，而且能杀菌去霉，对人体健康大有裨益，但在烹调中如何投放才能更提味、更有效，却是一

门学问。

（1）**肉食多放花椒**：烧肉时宜多放花椒，牛、羊肉更应多放。花椒有助暖作用，还能去毒。

（2）**鱼类多放姜**：鱼腥气大，性寒，食之不当会产生呕吐。生姜既可缓和鱼的寒性，又可解腥味，也可以帮助消化。

（3）**贝类多放葱**：大葱不仅能缓解贝类（如螺、蚌、蟹等）的寒性，而且抗过敏。不少人食用贝类后会产生过敏性咳嗽、腹痛等，烹调时宜多放大葱。

（4）**禽肉多放蒜**：蒜能提味，烹调鸡、鸭、鹅肉时宜多放蒜，肉更香更好吃，也不会因为消化不良而腹泻。

14. 怎样做拔丝菜

拔丝菜风味独特，人人爱吃，但做起来技术要求高。做拔丝菜要掌握以下四点：

（1）根据原料质地决定是否挂糊。如苹果、梨、橘子等水果，含水分较大，在下锅炸时一定要用蛋清和淀粉挂糊，将原料裹住，否则，原料内部出水后，会粘在一起；土豆、山药等含淀粉较多，下锅炸时可不必挂糊。

（2）在油烧到七成热时，将原料下锅，炸至金黄色捞出。

（3）炒好糖。锅内要放干净底油，中火加热，加入白糖，用勺不断搅动，使糖受热均匀。炒至糖呈浅黄色时，由于水分蒸发冒出气泡，待泡沫多且大时，将锅端离火口，使泡沫变小，颜色加深。用勺舀起糖汁，能浇成一条直线，说明糖已炒好。这时迅速将原料下锅翻动，使糖汁裹匀，迅速装盘。

用糖量与原料的体积比例为 1：3，块和片状的原料用糖量为原料重的 50% 左右；条、丸状原料的用糖量则为 30% ~ 40%。挂糊的比不挂糊的用糖量要多些。

（4）糖汁炒好后，倒入的原料一定要热。如果原料不热，会使糖汁变凉，就拔不出丝来。为此，做拔丝菜时应用两个炒锅，一个炒糖，一个炒主料。这样易保持主料温度，以挂匀糖浆。

做拔丝菜不可用急火，以免糖浆过火、炭化发苦。如在糖浆中加少许蜂蜜，则风味尤佳。

15. 烹制肉菜

（1）滑炒肉片：选择猪肋条或猪后腿肉，切成不超过 3 毫米厚的肉片，放在碗里加少许酱油、料酒、淀粉、鸡蛋液搅拌均匀，腌渍备用。滑炒肉片时，一般用五成热的温油。如果想少放油，则可将油烧至八九成热，快速滑炒。将油烧热，放入腌渍的肉片，轻轻滑散，直到肉片伸展。再加蔬菜等配料，翻炒片刻即可。如肉粘锅，可把锅移开火，待冷却后再翻动肉片。

（2）炖牛肉：先将切好的牛肉用凉水浸泡 1 小时，使肉变松。然后把牛肉放入沸水中略煮，撇去浮沫，这样肉汤就会清澈鲜美。随后放入葱段、姜片、花椒、大料，但不要过早放酱油和盐。炖牛肉一定要用小火，使汤水保持微沸，这样汤面的浮油起到焖的作用，锅底的火起到炖的作用，牛肉熟得快，而且肉质松软。待牛肉炖到九成熟时再放入盐和酱油，这样不会影响汤汁的味道。

在锅中放些切碎的新鲜雪里蕻，可使肉味更鲜美。如果没有新鲜的雪里蕻，也可用腌渍的代替。在炖牛肉时放一些茶叶，可使肉味变得更加清香，而且牛肉熟得也快。用干净纱布缝一个小口袋，放入茶叶，扎紧袋口，投入锅中即可。做咖喱牛肉时，

可加入椰奶，这样做出来的菜仍会保留辛辣的咖喱香气，而且吃起来感觉比较顺口，不至于太过辛辣。

（3）炖羊肉：羊肉膻味大，先洗净，切成方块，再用沸水焯一下捞出，放入凉水锅中。加酱油、料酒、植物油适量，花椒、大料、葱、姜用纱布包好投入锅中。待羊肉快熟时加盐，因为盐加早了肉会变硬，炖时用大火煮沸，然后转为小火炖到肉烂汤鲜即可。

（4）炖鸡：将鸡洗净切块，倒入热油锅内翻炒，待水分炒干时加入适量醋，再迅速翻炒至鸡块发出"噼噼啪啪"声时，立即加沸水（没过鸡块）。用大火烧10分钟，即可放入调料，用小火再炖20分钟，淋上香油即可出锅。在汤炖好后，降至80～90℃时加盐或在食用时加盐。

16. 巧炒蔬菜

人体每天所需的维生素主要来源于水果和蔬菜。经过加热烹调后的蔬菜，维生素和矿物质会受到不同程度的破坏。所以，能生食的蔬菜应尽量生吃，这样既可减少营养物质的流失，同时也能品尝到蔬菜的原味。但有些蔬菜中含有一定的毒素和残余的农药，必须煮熟或焯烫后才能食用。

首先蔬菜要在清水中浸泡片刻再冲洗，这样既能防止营养流失，又能避免农药的二次残留；其次，蔬菜应该现炒现切，减少维生素的氧化，而一些绿色蔬菜最好用大火快炒，盐、鸡精、香油等调味材料最后放。适于用大火炒制的蔬菜一般含水量较多，鲜嫩且易熟。如果烹调时加盐过早，会造成水分和水溶性营养素的溢出，失去脆嫩质感，降低蔬菜的营养价值，影响口感。炒菜时，加少许小苏打可增加菜的色泽，使叶绿素不被破坏。

炒藕丝时，一边炒一边加适量清水，能防止藕丝变黑；煮菜花时，可添加一勺牛奶，菜花会显得白嫩；煮豆角前，先把豆角用沸水烫一下，捞出后再撒上少许盐，可保持其鲜绿的颜色；绿叶蔬菜如果有些变黄，焯烫时放少许盐，颜色就可以转绿。

（1）炒菜花：质量好的菜花花球结实、色白粒细、不发乌、无虫咬、不腐烂。菜花含维生素C较多，含纤维素少，所以炒、烧、烩时加热时间均不宜过长，确保其脆嫩口感。正确炒菜花的方法应该是，先放入沸水锅内焯至半熟，再入油锅翻炒片刻，调味后出锅即可。

（2）**炒四季豆**：要让四季豆保持清脆的口感，可先放入沸水中，加少许盐焯片刻，再过凉，捞起沥干水分。烹饪四季豆时需用大火快炒，绝对不可加盖焖烧。

（3）**烹制茄子不变色**：茄子遇热极易氧化，颜色会变黑，影响美观，可试试以下方法。油炸法：将茄子先放入热油锅中稍炸，再与其他的材料同炒，便不容易变色。炒锅必须刷洗干净，炒好的茄子要盛入非金属器皿中。滴柠檬汁法：炒茄子时加入几滴柠檬汁，可使茄子肉质变白。加醋法：炒茄子时加少许醋，可使炒出来的茄子不黑。浸水法：茄子去皮或切块后，立即浸入凉水中，捞出沥水，再下锅炒。撒盐法：先将切好的茄子撒点盐，拌匀，腌15分钟后挤水。炒时不加汤，反复炒至全软，再放调味料即可。

（4）**炒山药**：山药黏液里含有植物碱，人接触后皮肤会痒，所以在切山药时可以在手上抹适量醋，酸碱中和。将切好的山药放入凉水中，防止被氧化。将山药放入沸水中焯煮，再过凉，沥干水分后烹饪，这样炒山药就会脆爽不黏稠了。

（5）**炒土豆丝**：土豆丝要切得粗细均匀，然后放入清水中洗2～3遍，洗净表面的淀粉。先用花椒炝锅，爆香后捞出花椒，再倒入土豆丝，快速翻炒。炒土豆时需加入足够的油使其软化，炒的过程中加入少许水，有助于土豆快速熟软，从而缩短烹调的时间。

17.蒸鱼、煎鱼、炸鱼、煎肉

清蒸鱼：在鱼的表面切井字纹，这样鱼肉比较入味，而且蒸熟后会均匀收缩，显得美观。清蒸鳜鱼要选用鲜活鱼，用干净软布裹住鱼身再宰杀，然后打上花刀。调味时不宜用太多调料，以保持鱼的鲜味；蒸时要用大火，蒸制时间不宜太长，以防肉质老而不嫩。蒸鱼的关键是要先把水煮沸，然后再蒸制。鱼肉遇到蒸汽外部组织便会凝缩，内部的鲜汁不易外流，这样蒸出的鱼肉味道鲜美，富有光泽。在鱼身上放一块鸡油或几片肥猪肉片一起蒸，可以使鱼更加美味。

煎鱼：煎鱼时鱼皮很容易粘锅，使鱼肉破碎，不完整。在放油煎鱼之前，用鲜生姜在锅底抹一抹，待油加热后再煎鱼，这样能保持鱼体完整；在煎鱼之前挂蛋糊，也能煎出完整、色泽金黄的鱼来。鱼在下锅时，鱼身要干，煎锅温度要高，油要比平常炒菜时多。将鱼的一面煎至金黄色后，翻个，再加少许油煎另一面，两面都煎至金黄色即可出锅。煎鱼前，可将少许的面粉撒在鱼身上，油不会外溅，且鱼皮能保持不破，鱼肉酥烂。

炸鱼：在鱼身上滴几滴酒和醋，再煎炸3～4分钟；或者将鱼放入牛奶中浸泡片刻，再取出炸。先将鱼块用酱油、料酒拌匀，腌渍片刻，然后放入油锅炸。炸完后锅内的余油往往呈黑褐色，大部分被倒掉，十分可惜。如果炸鱼之前不用酱油，而改用少许盐、料酒拌匀腌渍，余油仍旧是干净的。

煎肉：将肉用调料腌制好，把锅、油烧热，再将肉放入，可避免粘锅。肉不要随意翻动，应将肉的一面煎熟，再翻过来煎另一面。先用大火煎，再用小火把内部煎熟。尽量选用肥瘦兼备的五花肉，纯瘦肉煎后容易变老，肉也不会太香。煎肉最怕煳锅，所以锅底一定要厚，也可以向锅里喷些水，以保持肉的鲜嫩。选用可控温的电磁炉煎肉较好。

18. 烹调巧用水

（1）炒肉丝、肉块加少许水，比不加水的鲜嫩得多。

（2）炒、煮蔬菜时要加开水，会又脆又嫩。

（3）炒鸡蛋时，一个蛋加一汤匙温水搅匀，就不会炒"老"，而且炒出的蛋量多，松软可口。

（4）豆腐下锅前，先放在开水里泡 15 分钟，可清除泔水味。

（5）用冷水炖鱼无腥味，并应一次加足水。若中途再加水，会冲淡原汁的鲜味。

（6）熬骨头汤时，中途切莫加生水，以免汤的温度突然下降，导致蛋白质和脂肪迅速凝固，影响营养和味道。

（7）煎荷包蛋时，在蛋黄即将凝固时浇上一汤匙冷开水，蛋熟后又黄又嫩，色味俱佳。

19. 烹调小窍门

（1）**炒牛肉片**：先用啤酒将面粉调稀，淋在牛肉片上，拌匀后腌30分钟，啤酒中的酶能分解蛋白质，使牛肉变得鲜嫩。

（2）**炒猪肉片**：将切好的肉片放在漏勺里，在开水中晃动几下，

待肉刚变色就起水，沥去水分，然后再下锅炒，只需 3 ～ 4 分钟就能熟，并且鲜嫩可口。

（3）炒猪肝：炒猪肝前，可用白醋腌渍一下，再用清水冲洗干净，炒熟的猪肝口感好。

（4）炒虾仁：将虾仁放入碗内，每 250 克虾仁加入精盐、食用碱粉 1 ～ 1.5 克，用手轻轻抓搓一会儿，再用清水洗干净。这样炒出的虾仁透明，爽嫩可口。

（5）炒鸡蛋：将鸡蛋打入碗中，加入少许温水搅拌均匀，倒入油锅里炒。往锅里滴少许料酒，这样炒出的鸡蛋蓬松、鲜嫩、可口。

（6）巧制清蒸鱼：先将洗净的鱼放入沸水中烫一下，然后再蒸。这有两个好处：一是可以去除腥味；二是沸水可使鱼身的蛋白质迅速凝固，在蒸制过程中鱼体内的水分不易渗出，有利于保持鱼肉的鲜嫩度。

（7）巧解白糖板结：绵白糖受热、遇潮或存贮时间太长，容易结块。将青苹果切几块，放入糖罐内盖好，1 ～ 2 天后结块的白糖自然散了，这时可将苹果取出。

（8）巧煮花生米：先将花生米煮至七成熟，然后放入花椒、大料，并加适量食盐。在花生米八成熟时放点碱面（每千克花生米放入碱 3 克）搅匀，5 分钟捞出。这样煮的花生米粒大、颜色红润、香酥可口、存放时间长。

（9）做菜何时放酒好：一般用急火快炒快煸的新鲜鱼肉菜肴，加酒的最佳时间是临出锅前。烹调不太新鲜的鱼肉时，一般应在烹调前先用酒浸一下，使酒中的乙醇充分浸入鱼肉的纤维组织，促使胺类物质全部溶解，在煸炒时可随乙醇一起全部挥发，达到去腥目的。清蒸鱼、肉类菜肴，一般开锅时就加酒，随着锅内温度升高，腥味和乙醇一起挥发，可去除腥味，增加香、鲜味。

（10）巧炖骨头汤：将脊骨剁成适当的段，放入清水中，浸泡半小时，再洗掉血水。待沥去水分后，把骨头放入开水锅内，烧开后捞出骨头，用清水洗干净放入锅内。一次加足冷水，适量加入葱、姜、蒜、料酒。先用旺火烧开，待 10 ~ 15 分钟再去除污沫，改用小火焖煮 0.5 ~ 1 小时。肉煨烂后，去掉葱姜及浮油，加适量食盐、少许味精，盛入器皿内，再撒上蒜花、葱花或蒜泥食用。这样煨出来的骨头汤，肉质软嫩，汤色洁白，味道鲜美。

（11）**肉类解冻法**：冻肉、冻鱼不可放在温水中解冻。如果想快一点解冻，可将冻肉、冻鱼等放入淡盐水中。这样不但解冻快，而且做成菜后味道更加鲜美。

（12）**巧做辣椒油**：将辣椒面烘干，盛在碗内。豆油（花生油、菜子油、葵花子油均可）烧开后，立即倒入盛辣椒面的碗里，同时搅拌几下，以防炸煳。待油凉后即成。

（13）**巧做甜姜片**：取嫩姜 1 千克，刮净外皮，洗净泥沙，切成薄片，用清水漂洗后滤干。加盐 3 克，白醋 15 克，白糖 300 克，腌制两天后，即成味甜、香辣、清脆的甜姜片。

（14）**巧发面**：蒸馒头时，如果面团发得似开未开，可在面团中间扒个小坑，倒进两小杯白酒，10 分钟后面就会发开了。如果你事先没有发面，而又想吃上松软的馒头，可以每 500 克面粉加醋 50 克，加温水 350 克揉好，过 10 分钟再加 5 克小苏打或碱面。揉面至没有酸味时，就可做成馒头，上屉蒸熟。

20. 煮出好粥的秘诀

先将米用凉水浸泡 30 分钟，使米粒

膨胀。沸水煮粥不会煳底，且比凉水熬粥更省时。米沸水下锅搅拌，大火熬20分钟，不停搅动10分钟，直到黏稠即可，点入少许植物油。煮花式粥时，底料要分开煮。这样熬出的粥清爽不浑浊，每样东西的味道都能熬出来。在粥锅内点上 5～6 滴植物油，即使大火熬煮，粥也很难溢出锅外，而且熬出来的粥更加香甜可口。

八宝粥：将糯米、高粱米、紫米、薏米、红小豆洗净，放入锅内，加凉水小火慢煮。再将莲子、栗子、红枣、核桃仁等放入锅内，熬到汤汁浓稠，加入白糖即可。

21. 炸馒头片松脆可口

准备半碗凉开水，加适量盐搅匀。把馒头切成片，用淡盐水稍浸，随即放入锅内炸。这样炸出来的馒头片色泽金黄，外焦里嫩，好吃省油。如果在淡盐水中打一个鸡蛋，炸馒头片的味道会更加鲜美。

22. 煮饺子不破皮

锅内加入适量清水，待水烧沸后放入适量盐。把饺子下到锅里，盖上锅盖，不用翻动，不用点凉水，直到煮熟。或在锅内先放入一些大葱尖，水开后再下饺子，这样煮出的饺子不破皮，也不会粘连。为防止煮饺子时粘锅，和面时可加 1 个鸡蛋。另外，如果想让肉馅熟得快些，可以在水里加些醋。

23. 巧煮元宵

首先要在做元宵时，用手轻轻捏一捏，使其略有裂痕，这样煮时元宵里外易熟，吃起来轻滑可口。其次，要善于用火，"滚水下锅，慢火煮"。就是说，用旺火将水烧开后，再放入元宵。然后用勺背轻轻推动，让元宵旋转几下，不粘锅。待元宵浮起后，改用慢火煮。在煮的过程中，水每开一次就加一些凉水，使水处于似滚非滚的状态，这样煮出的元宵完整不破，甜糯可口。如果煮过二三锅后，汤变黏稠，再煮时就要换水了。

24. 腌咸鸭蛋出油多、味道好

先将新鲜的鸭蛋洗净晾干，注意不能放在阳光下直晒，最好放入坛罐内。在锅中按每50个鸭蛋用4升水的比例加水，把适量的生姜、大料、花椒放入水中煮。待煮出香味后，加粗盐1千克、少许白糖及白酒50毫升。待卤水完全冷却之后，倒入摆放好鲜鸭蛋的坛内，以没过蛋面为宜。将坛加盖，密封存放即可。

25. 还是冷水蒸馒头好

蒸馒头时，有人习惯先将水烧开，再把馒头摆上屉蒸。其实这样蒸熟的馒头个头不大，原因是酵母菌没完全起作用就被高温杀死了。正确的做法是将揉好的馒头放入冷水锅屉上蒸，当锅内温度慢慢上升时，揉过的馒头"醒发"，这样蒸出的馒头个大、色白、味香。

馒头蒸熟后常常会粘在笼屉布上，很难揭下，既影响馒头外观，笼屉布又不好洗。在馒头蒸熟后打开锅盖再蒸几分钟，可以避免此现象。

26. 蜂蜜发面法

每500克面粉加250克水，再加1.5汤匙蜂蜜。先把蜂蜜倒入面粉内，然后加水，夏季用冷水，其他三季用温水。面团揉好后盖上湿布，放在温度较高处发酵4~6个小时。用蜂蜜发酵制成的面点松软清香、入口润甜。

三、食有学问

1.早晨来杯凉开水

人在早晨空腹喝杯凉开水，水能够迅速进入肠道，通过肠黏膜进入血液循环，稀释血液，增强肝脏解毒能力和肾脏的排泄能力，促进人体的新陈代谢和免疫功能。

2.五谷杂粮有益健康

说到进补，人们首先想到的是各种补药、肉类、山珍海味。其实，日常所吃的五谷杂粮就是很好的补药。比如，大米味甘性平，有补中益气、健脾和胃、除烦止渴的功效；小米味甘性平，有健脾和胃的作用；糯米味甘性微温，有暖脾胃、补中益气的作用；玉米味甘性平，有调中和胃、降浊利尿等功效。利用五谷的药性来防治疾病，经济又实用，还没有副作用。

3.常吃健康食品

（1）花生：花生是高蛋白的油料作物，营养价值很高，所含的蛋白质相当于小麦的2倍、大米的3倍，与鸡蛋、牛奶相比也毫不逊色。人们将花生说成"长生果"，认为它有延年益寿的作用。现代医学研究发现，花生油可降低血液中的胆固醇含量，常吃花生（包括花生衣）可治疗血小板减少症。

（2）萝卜：萝卜生熟皆宜食用，生食味辛性寒，熟食味甘性微凉，有下气定喘、止咳化痰、消食除胀、利大小便和清热解毒的功效。研究表明，萝卜含有丰富的蛋白质、糖类、维生素 C、烟酸、钙、磷、铁等成分。萝卜中的糖化酶素能分解食物中的淀粉、脂肪等，有利于人体充分吸收和利用；根茎含有丰富的胡萝卜素、挥发油，常吃能健胃助消化，防治维生素 A 缺乏症。

（3）大蒜：大蒜中富含蒜氨酸和蒜酶，这两种成分在鳞茎中是独立存在的。把蒜头捣碎后，在蒜酶的作用下，蒜氨酸可以得到分解，从而生成有挥发性的大蒜素。大蒜素有很强的杀菌能力，进入体内能与细菌的胱氨酸（细菌的蛋白成分）发生反应，生成结晶状沉淀，抑制细菌的繁殖和生长，起到杀菌作用。

（4）水果：不同颜色的水果有着不同的功效。

橘柑类水果所含的橘色素可以预防癌症，作用约为胡萝卜素的 5 倍，同时含有丰富的维生素 C。代表水果有橘子、哈密瓜等。

紫色水果含原花色素，具有消除眼睛疲劳，增强血管弹性的功能。代表水果有葡萄和李子等。

红色水果含类胡萝卜素，能抑制癌细胞形成，提高人体免疫力，并具有防止老化的作用。代表水果有苹果、桃子、山楂、无花果等。

黄色水果所含的黄色素属黄酮类，具有抗酸化的作用，可预防动脉硬化、癌症等。代表水果有柠檬、木瓜、香蕉、柚子等。

（5）豆腐：蛋白质能够减缓血糖的波动，进而调节人的心情。其实，人的坏心情还与不规律的进餐息息相关，如果每隔 4～5 小时吃一次饭，就能保证大脑获得足够的营养供应，防止血糖水平过低。

（6）四大营养素：铁质，肉类食物含丰富的铁质，可保持人的精力充沛，提高脑部的专注度。钙质，奶类中的钙质可坚固人的牙齿及骨骼，预防骨质疏松症，是适宜每天食用的营养食品。维生素，美国癌症研究学院的报告指出，人每天吃大量蔬菜和水果，能补充维生素和矿物质，预防

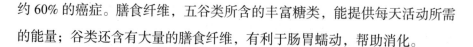

约 60% 的癌症。膳食纤维，五谷类所含的丰富糖类，能提供每天活动所需的能量；谷类还含有大量的膳食纤维，有利于肠胃蠕动，帮助消化。

4. 良好的饮食习惯

（1）低盐：医学专家证实，食盐过多对人体是有害的，会引起高血压等病症，并对心、脑、肾等主要身体器官造成损害。世界卫生组织建议：一般人群日食盐量为 6 ~ 8 克。《中国居民膳食指南》提倡，每人每日食盐量应少于 4 克。对于轻度高血压患者，每日食盐的摄入量应控制在 2 克以内。

（2）食用油要轮换着吃：许多人吃惯了一种口味的油，往往会长期食用，其实，不同种类的食用油营养成分不同，比如豆油含有丰富的不饱和脂肪酸和维生素 E、维生素 D，能提高机体免疫力；玉米油极易消化，人体吸收率高达 97%；橄榄油富含单不饱和脂肪酸，能够预防心脑血管疾病，减少胆囊炎、胆结石的发生；色拉油基本排除了植物油中的杂质和蜡质；猪油含有较高的饱和脂肪酸和脂蛋白，是人体必需的营养物质。从营养平衡角度出发，各种食用油应经常轮换着吃。

（3）饭前、饭后不宜饮水：人的肠胃等器官在吃饭时会产生条件反射，分泌消化液。比如，牙齿在咀嚼食物时，口腔分泌的唾液和胃分泌的含胃酸、胃蛋白酶的消化液等，会与食物碎末混合在一起，加速食物的消化吸收。如果在饭前、饭中、饭后喝水，会冲淡、稀释唾液和胃液，降低蛋白酶的活力，影响机体对营养物质的消化吸收，时间久了人的健康状况就会变差。

（4）饭后立即吃水果不利健康：很多人认为饭后吃水果好，而且通常是在饭后马上就吃，其实，这是错误的饮食习惯。水果中含有葡萄糖、果糖、蔗糖、淀粉等较多的糖分，饭后立即进食水果，会增加肠胃和胰腺的负担。此外，水果中含有丰富的膳食纤维、半纤维素、果胶等成分，均具有较强的吸水性，吸水膨胀后会增加饭后的饱胀感，使人觉得不舒服。所以，最好在饭前或饭后 1 小时食用水果。

（5）饭后喝茶并不好：茶叶含有较多的鞣酸和茶碱，鞣酸进入胃肠后会抑制胃液和肠液的分泌，大量的鞣酸对胃黏膜有较强的刺激，容易引起胃功能失常而消化不良。此外，茶碱还会抑制小肠对铁的吸收。试验表明，饭后饮用15克茶水，人体对铁的吸收量就会降低50%。

5.哪些食物不宜空腹食用

（1）番茄：番茄含有丰富的果胶、柿红酸及多种可溶性收敛成分，如果空腹下肚，这些成分会很快与胃酸起化学反应，产生难以溶解的硬块状物，引起胃肠胀满、疼痛等症状。

（2）香蕉：香蕉含有较多的镁元素，空腹食用时，镁元素会破坏人体血液中的钙、镁平衡，对心血管产生抑制作用，不利于身体健康。

（3）柑橘：柑橘含大量糖分及有机酸，空腹食用会造成脾胃不适和胃肠功能紊乱。

（4）大蒜：大蒜含有辛辣的蒜素，空腹食用会对胃黏膜、肠壁造成刺激，引起胃肠痉挛、胃绞痛，并影响胃肠的消化功能。

6. 防暑食物

（1）绿豆：绿豆性味甘寒，有清热解毒、消暑止渴、利尿等作用。绿豆衣（绿豆皮）清热的功效更佳。用绿豆 60 克或绿豆衣 9 克，煎汤代茶喝，可预防中暑。用绿豆 60 克、黄连 10 克、葛根 15 克、甘草 5 克，水煎服，可治疗暑热、口干渴等症。

（2）荷叶：又名藕叶，性味苦平，有清热解暑、祛痰止血、升发清阳等作用。用鲜荷叶 12 克、香薷 9 克、扁豆 6 克、冬瓜皮 6 克，水煎服，能清暑散热。荷叶、鲜银花、西瓜翠衣、鲜扁豆花、丝瓜皮、鲜竹叶各 15 克，水煎服，可治疗暑温病发汗后的头胀、眼花等症。

（3）西瓜：西瓜翠衣（西瓜皮）或西瓜瓤，性味甘寒，有清暑解热、泻火除烦、利尿、降血压等作用。用西瓜翠衣 30 克煎汤服，可治疗暑热燥邪所致的咽喉肿痛或口舌生疮等症。用西瓜汁作饮料，可治疗伤暑口渴、身热汗出等症。

（4）白扁豆：性味甘微温，有消暑化湿、健脾止泻作用。扁豆花、扁豆衣的功用与扁豆相同，尤其扁豆花的解暑化湿作用更佳。用白扁豆 12 克、藿香 6 克，水煎服，可治疗伤暑呕吐、腹泻。白扁豆 9 克、藿香 9 克、厚朴 6 克、炙甘草 3 克，水煎服，可防治暑病。

7. 秋梨治燥效果好

秋冬时节，人们往往感到口干舌燥、身体发痒、大便干结、皮肤粗糙，中医称为"秋燥"。梨有润肺、消痰、止咳、降火、清心等作用，秋冬多吃些梨，治燥效果极好。

（1）治咽喉干痛：大梨1个，洗净后连皮切碎，加水和冰糖适量，炖煮后服食。

（2）治气管炎咳嗽：雪梨1个，去核切片，加川贝、桔梗、白菊花各3克，水煎去渣，加冰糖适量饮服。

（3）治皮肤瘙痒：鲜梨皮30克，鲜梨树叶150克，水煎取液，加食盐少许，熏洗患处，每日2～3次。

（4）治肺痈痰多而咳：糯米100克煮成饭，加川贝粉12克、冬瓜（切碎）、冰糖各100克，拌匀，装入6个去核皮的雪梨内。熬40分钟后食用，每次1个，早晚各食一次。

（5）治热燥便秘：梨350克，荷叶30克，香椿树皮300克，白糖100克，水煎随时温服。

（6）治热痈烦渴：梨2个，去核切片；萝卜250克，洗净切丝；绿豆150克，加水煮熟，分次服食。

（7）治百日咳：梨挖出心后，装麻黄1克或川贝2克，桔梗5克，盖好蒸熟后热食。

8. 糖尿病病人如何合理饮食

糖尿病病人的膳食安排是治疗糖尿病的一项重要内容。有些病人以为不吃粮食就能控制糖尿病，这种认识是不正确的。粮食是必需的，糖尿病病人的饮食应该是有足够热量的均衡饮食，根据病人的标准体重和劳动强度，制订每日所需的总热量。总热量中的50%～55%应来自碳水化合物，主要由粮食来提供；15%～20%的热量应由蛋白质提供；其余25%～30%的热量应由脂肪提供，脂肪包括烹调油。如果不吃或很少吃粮食，热量供应只靠蛋白质和脂肪，长此以往，病人的动脉硬化、脑血栓、脑梗死、心肌梗死及下肢血管狭窄或闭塞的发生率就会大大增加。不吃粮食还容易发生酮症。

（1）目前市场上出现了"无糖"的食物，一般是指这些食品中没有

加进白糖，而是采用甜味剂制成的。吃甜味剂与麦粉制作的各种食品时，麦粉或米粉等应该计算在规定的主食量中，也是不能随意吃的，多吃后血糖是会增高的。

（2）肉类食品过多，会使病人血脂升高，增加冠心病的发生机会。肉类食品提供的热量较高，病人容易发胖。因此，肉类食品的摄取量应计算在蛋白质和脂肪的分配量中。

（3）糖尿病病人宜少食多餐。每天多吃几顿饭，每顿少吃一点，可以减少餐后高血糖，有助于血糖的平稳控制。

（4）此外，糖尿病病人的饮食宜低盐、低脂，多吃新鲜蔬菜。根据食品所含热量，医生制定了食品交换份，每份90千卡。例如，25克大米是1份，200克的苹果也是1份。假如，某病人每日需热量1 800千卡，就是20份。粮食占10份，吃1份苹果就少吃25克大米。吃水果也应计算在总热量内，并且不要和饭同时吃，而是作为两餐之间的加餐，这样安排比较恰当。食品交换份的计算办法，病人需要掌握。

9. 芽菜助你保健康

芽菜多是利用植物的种子进行人工无土栽培，另有一小部分是利用植物体芽来萌发幼芽或嫩梢，故具有污染小、洁净卫生、食用安全的特点，老少咸宜。无论种芽或体芽，都是植物的精华部分，因此，芽菜富含多种人体所需且易被吸收的营养成分。芽菜营养价值高且热量低，非常适合老年人食用。由于老年人消化功能较弱，加之每日活动量较小，又以蛋奶为主，易发生便秘。芽菜中含有丰富的膳食纤维，常吃芽菜可以促进肠道蠕动，防治便秘。

荞麦芽、白菜芽、芥蓝芽、豌豆芽、落葵芽等，食后可起到减肥和降低血脂、血糖的作用。

荞麦芽中含有丰富的芦丁，芦丁的衍生物三羟乙芸香甙就是心血管病患者常服用的维脑路通，可帮助老年人增强血管弹性、软化血管，预防高血压。

姜芽、花椒芽具有温中散寒、祛风、通经活络的功效，食用后可促进肢体末端的血液循环，缓解老年人手足冰凉等症状。

随农业技术的发展，近年来开发出许多新型芽菜，有豌豆苗、香椿芽(子芽香椿)、荞麦芽(芦丁苦荞)、萝卜芽、绿芽苜蓿、蕹菜芽(空心菜芽)、落葵芽、红小豆芽(鱼尾赤豆苗)、姜芽、向日葵芽、白菜芽、芥菜芽、芥蓝芽、芝麻芽、花生芽、芽球菊苣、枸杞头、花椒芽、马兰头、菊花脑等。

10. 烂果不能吃

由于保存不当，买回来的水果常常会发生腐烂。有的人为了节省，就用刀把腐烂部分挖掉，把剩下的没有腐烂部分吃掉，其实，这是一种错误的做法。因为尽管剩下的是未腐烂部分，但是绝大部分已经被有害物质侵蚀，特别是真菌在水果中繁殖加快，会产生有毒物质，尤其是真菌毒素还具有致癌作用。所以，水果尽管是已经去除了腐烂部分，剩下的仍然不可以吃。

11. 秋季进补食疗粥

秋季适于进补，是治疗"心脑血管病"的最好机会，现将几种食疗保健粥的制作方法介绍如下。

（1）菊花粥：取鲜嫩菊芽 15 克，大米 100 克，冰糖适量。将幼菊洗净，切成细丝状；将大米洗净、冰糖打碎，将三者同时放入锅内，加水以旺火烧沸后，转至文火熬成粥。每日早晚各服一次，清肝明目，降低血压，还可治疗头晕目眩、视觉昏花、鼻出血等症。

（2）泽泻粥：取泽泻 15 ~ 30 克，粳米 50 ~ 100 克，砂糖适量。先将泽泻、粳米去掉杂质，洗净，加入适量的水，熬制成粥。然后加入少许砂糖，再煮 3 ~ 5 分钟即成。每日服 1 ~ 2 次，温热服，降血脂，泻肾火，消水肿。适用于高脂血症、小便不利、水肿等，宜久服方能见效。阴虚病人慎用。

（3）山楂粥：取山楂干 30 ~ 45 克（或鲜山楂 60 克），粳米 100 克，砂糖适量。将山楂水煎取浓汁，去渣，与洗净的粳米同煮，熬至七八成熟时放入砂糖，稍煮沸即可。每日服 1 ~ 2 次，10 日为一疗程，健脾胃，助消化，降血脂。适用于高脂血症、高血压、冠心病患者，以及缓解肉积不消、食积停滞等症。不宜空腹及冷食。

（4）三七首乌粥：三七 5 克，何首乌 30 ~ 60 克，粳米 100 克，大枣 3 ~ 4 枚，冰糖适量。将三七、何首乌洗净放入沙锅内煎取浓汁，去渣。取药汁，与粳米、大枣、冰糖同煮为粥。早晚餐后各服一次，益肾养肝，补血活血，降血脂，抗衰老。适用于老年性高脂血症、血管硬化、大便秘结、头发早白、神经衰弱等症。服药期间忌吃葱、蒜等刺激食物，以免影响疗效。

（5）桂圆莲子粥：桂圆肉 15 克，莲子肉 15 克，红枣 5 克，糯米 50 克，白糖适量。早晚餐后各服一次，宁心安神、益气扶脾。

12. 儿童要少喝饮料

有资料表明，经常过量喝饮料的孩子食欲不振、情绪不稳定，吃饭时常常吵闹，时常腹泻。大量饮用果汁、饮料，会导致儿童发育迟缓；可乐型饮料中不仅富含咖啡因，而且磷含量过高，儿童过量饮用会干扰钙的代谢、体内钙磷比例失调，严重影响发育。

儿童经常喝的饮料中含有大量的糖，营养学术语为"虚卡路里"，即毫无营养的热量。过量饮用会扰乱儿童消化系统的功能，导致不能正常进食，缺乏所需的脂肪和蛋白质。高血糖与退化性大脑疾病密切相关，血液中的葡萄糖可与蛋白质反应产生异常的"糖聚化或糖交联蛋白质"，会扰乱细胞的功能。饮料中含有色素、甜味剂、防腐剂等化学物质，过量饮用对儿童危害更大。

研究表明，温开水能提高脏器中乳酸脱氢酶的活性，有利于较快降低累积于肌肉中的"疲劳素"——乳酸，从而消除疲劳、焕发精神。专家们呼吁："饮料首选白开水，白开水最好喝！"

13. 儿童应少吃彩色食品

彩色食品中的颜色，一般是加入了天然色素和人工合成色素。天然色素一般是从植物中提取出来的，因其来源较少、不易提炼、价格偏高、着色力差，因此厂家不愿使用，而人工合成色素具有提炼方法简单、价格低、着色力强等特点。人工合成色素是从石油或煤焦油中提炼出来的，提炼过程中会混入苯胺、砷等化学物质，都具有不同的毒性。

目前我国允许使用的合成色素有苋菜红、胭脂红、柠檬黄、日落黄和靛蓝，分别用于果汁、汽水、罐头以及糕点表面上彩等，但禁止用于婴幼儿食品。儿童的机体器官尚未完全发育成熟，对外界物质的解毒能力较差。当这些人工合成色素进入儿童体内后，会消耗体内的解毒物质，加重肝脏及胃肠道的负担，使脂肪、蛋白质、维生素等代谢过程受到影响。儿童会表现食欲不振、消化不良、腹痛、腹泻等症状，因此，儿童应少吃彩色食品。

14. 吃谷类食物的学问

谷类食物一直是我国人民的主食，包括大米、麦（面）、玉米、杂粮（小米、高粱等）、薯类，主要含有碳水化合物、蛋白质、膳食纤维及 B 族维生素。碳水化合物是人体的主要供能物质。由于谷类食物缺少必需氨基酸——赖氨酸，往往需要与富含赖氨酸的豆类或荤菜一起食用。

谷类食物除了提供热能、蛋白质外，还提供大量的 B 族维生素，如维生素 B_1。维生素 B_1 是小儿生长发育必需的营养素，如缺乏会导致神经及心血管系统损害，出现一系列症状。维生素 B_1 主要存在于谷类的胚芽和外皮中，过度碾磨和不合理的烹煮，可使之大量丢失。

（1）粗细粮搭配食用：在谷类碾磨加工成精米面时，维生素 B_1 会随着外皮白白丢失。虽然精米面吃起来细腻可口，但长期吃会影响健康，所以要粗细粮搭配着吃。

（2）不要过度淘米：淘米是为了去除杂质，有些人喜欢反复搓洗，不仅除不掉米粒中的杂质，而且会使营养素丢失很多。所以，淘米时最好是用手拣去杂质，不要长时间浸泡，不要用热水淘，不要反复搓洗。

（3）不要吃捞饭：有些人喜欢做捞饭，即将大米煮到半熟，然后捞出再蒸，将剩下的米汤倒掉，这样会使得B族维生素损失40%以上。采用蒸、烤、烙等方法制作面食时，各种营养素损失很少。煮面条时部分营养素溶于汤中，可减少损失。

（4）烹煮时不要加碱：在煮稀饭或发面时加碱，可大量破坏维生素 B_1，最好使用酵母发面，而不要用小苏打。

15. 吃胡椒不宜过多

胡椒除用作调味品外，还是常用的一味中药，具有温中散寒、醒脾开胃之效，可治疗肠胃受寒所致的胃脘痛、呕吐、腹胀、腹泻、肠鸣等症。中医理论认为，胡椒除了会令人产生舌麻感外，还能升高血压。平时属阳盛内热、阴虚火旺体质者和孕妇，以及有咯血、鼻衄（流鼻血）、便血、便秘、痔疮、高血压、胃溃疡、牙龈红肿、咽喉肿痛、口臭等病症者，应禁食或少食胡椒。从中医角度讲，胡椒性热，过食会损肺、发疮、齿痛、目昏、破血、堕胎等，因此，即使是调味用也不应过量。对于经常患眼疾者，还是少吃或不吃为妙。

16. 吃这些蔬菜时要小心

（1）**鲜芸豆**：芸豆又名四季豆。鲜芸豆中含皂苷和血球凝集素，皂苷存在于豆荚表皮，血球凝集素存在于豆粒中，生食或半生不熟食都易中毒。

（2）**秋扁豆**：特别是经过霜打的鲜扁豆，含有大量的皂苷和血球凝集素。沸水焯透或热油煸扁豆，熟透方可食用。

（3）**鲜木耳**：鲜木耳中含有一种啉类光感物质，人吃木耳后，这种物质会随血液转移到表皮细胞中，引起日光性皮炎。这种物质还容易被咽喉黏膜吸收，导致咽喉肿痛，甚至呼吸困难。晒干后的木耳则无毒。

（4）**鲜黄花菜**：鲜黄花菜中含有一种叫秋水仙碱的有毒物质。成人一次吃 50 ~ 100 克未经处理的鲜黄花菜，便可中毒。晒干后的黄花菜则无毒，可放心食用。

（5）**未腌透的咸菜**：萝卜、雪里蕻、白菜中含有无毒硝酸盐。如果腌菜时气温高，放盐不足 10%，腌制不到 8 天，会造成细菌大量繁殖，无毒的硝酸盐易还原成有毒的亚硝酸盐。咸菜腌制 9 天后，亚硝酸盐开始下降，15 天后则安全无毒。

（6）**青西红柿**：未成熟的青西红柿中含有大量的生物碱，可被胃酸水解成番茄次碱，多食会出现恶心、呕吐等中毒症状。

（7）**久贮南瓜**：南瓜含糖量较高，经久贮，瓜瓤自然进行无氧酵解，产生酒味，人食用了这种南瓜就会引起中毒。

17. 发芽和变绿的马铃薯不能吃

马铃薯营养丰富，但吃马铃薯也要注意，否则，可引起中毒。因为马铃薯含有一种称为龙葵素的毒素，分布于腐烂和发芽的马铃薯皮下、芽、芽眼等处。龙葵素可以破坏人体的红细胞，对于黏膜具有强烈的刺激性。

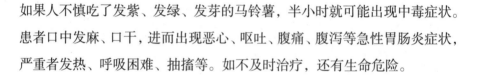

如果人不慎吃了发紫、发绿、发芽的马铃薯，半小时就可能出现中毒症状。患者口中发麻、口干，进而出现恶心、呕吐、腹痛、腹泻等急性胃肠炎症状，严重者发热、呼吸困难、抽搐等。如不及时治疗，还有生命危险。

18. 炖鸡不宜先放盐

炖鸡如果先放盐，会直接影响到鸡肉、鸡汤的口味及营养素含量。这是因为鸡肉含水分较高，而食盐具有脱水作用，如果在炖制时先放盐，鸡肉组织明显收缩变紧，这会阻碍营养素向汤中溶解，炖熟后的鸡肉会变硬变老，汤无香味。因此，将炖好的鸡汤降温至80～90℃时，再加适量的盐，这样鸡汤和肉质口感最好。

19. 火锅与保健

人们都喜欢吃火锅，围着热腾腾的火锅，吃得舒服。不过，也要注意火锅的"不好"之处。

（1）不要吃的时间太长：人吃火锅时间太长，会使胃液、胆汁、胰液等消化液不停地分泌，导致胃肠功能紊乱而发生腹痛、腹泻，严重的可患慢性胃肠炎、胰腺炎等。

（2）不要吃的太烫：太烫的食物容易烫伤口腔和食道黏膜，若遇烟酒或不清洁的食物易致病。吃火锅时，应将煮好的食物夹出，稍冷一下再吃。

（3）掌握好火候：吃火锅时，若食物煮久了会失去鲜味；倘若煮的时间不够，又容易引起消化道疾病。一些人以为肉越嫩越有营养，往往只把鲜肉放在热汤里涮一下，还没有煮熟就吃下去了，这很不利于健康。要将这些肉食煮熟后再吃。

（4）掌握好口味：吃得太辣、太麻，会刺激人的口腔、食管与胃肠道黏膜，而发生充血和水肿。凡是口腔炎、慢性咽炎、溃疡病、慢性胰腺炎、胆囊炎病复发者及上腹部做过手术的人，都不要吃火锅。

（5）吃火锅时多加蔬菜：吃火锅时肉类或高蛋白食物过多，而蔬菜很少，这样容易造成营养失衡。除肉类之外，可搭配些豆腐、芋头、绿色蔬菜等。

（6）吃火锅要讲究卫生：由于吃火锅时，大家的筷子都在一个锅里搅动，所以注意卫生很有必要，最好使用公用筷。

20. 六种饮食方式有碍健康

（1）零食：不少人终日瓜子、糖果等不离口，没有正常的饮食规律，消化系统没有建立定时进食的条件反射，胃肠得不到休息，会引起食欲减退，久之易造成各种营养素缺乏。

（2）偏食：不爱吃荤菜的人，往往造成蛋白质缺乏；偏吃荤菜的人，又会导致热量过剩，各种维生素和无机盐缺乏。

（3）暴食：人暴食不但会引起胃肠功能紊乱，还会诱发急性胃扩张、胃下垂等疾病。油腻食物迫使胆汁和胰液大量分泌，可发生胆道疾病和胰腺炎。

（4）快食：人进食时狼吞虎咽，不仅加重了胃的负担，容易引发胃炎和胃溃疡，而且由于食物咀嚼不细，必然导致各种营养素的损失。

（5）烫食：太烫的食物容易烫伤舌头、口腔黏膜、食道等，对牙齿也有损害。食道烫伤留下的瘢痕和炎症，会影响营养素的吸收。

（6）咸食：爱吃咸食的人，每天食盐量大大超标，体内钠潴留、体液增多、血液循环量增加，心肾负担过重，可引起高血压等症。

21. 餐桌上的防病"搭档"

（1）防中风：菠菜＋胡萝卜。每天吃入一定量的菠菜和胡萝卜，可明显降低中风危险。每天吃一份菠菜者比一个月吃一份者，中风风险降低了53%，每天吃一份胡萝卜者比不吃者降低68%。这主要得益于 β 胡萝卜素，它可以转化成维生素A，防止胆固醇在血管壁上积累，保持脑血管畅通，从而防止中风。

（2）防心脏病：苹果＋茶叶。苹果、洋葱、茶叶可保护心脏，减少心脏病的发生率，主要是因为这些食物中含有大量黄酮类天然化学抗氧化剂。一份涉及805名男子长达5年的试验资料表明，饮食中的黄酮类物质主要来自苹果、洋葱和茶叶。凡坚持每天饮茶4杯以上的男子，死于心脏病的危险性可减少45%，吃1个苹果以上者则减少一半。

（3）防胃癌：叶酸＋硒酵母。叶酸和硒酵母均具有预防胃癌的作用。多种绿叶蔬菜、菌菇、动物肝肾等，都富含叶酸和硒元素，不妨多吃。

（4）防肠癌：谷物＋蔬菜＋红葡萄酒。喜欢吃各类杂粮、新鲜蔬菜并适量饮用红葡萄酒的人，肠癌发生的可能性明显降低。因为红葡萄酒中含有阿司匹林成分，可降低患癌的概率。

（5）防肺炎：维生素A＋硒。维生素A和硒元素可预防儿童肺炎，具有抗氧化与调节免疫作用。已患肺炎的儿童多摄入这两种营养素，也可以缓解病情，加快康复。

（6）防流感：维生素C＋铜。服用维生素C究竟能否预防流感，关键在于人体内是否有足量的铜离子。奥妙在于铜离子可积聚在流感病毒表面，为维生素C提供攻击的"靶子"，从而杀灭流感病毒。因此，在流感盛行时，除了要服用一定量的维生素C，还需多吃些含铜离子的食物，如动物肝脏、芝麻、豆类等。英国药物学家将二者称为预防"流感"的最佳搭档。

（7）防缺钙：豆腐＋鱼类。豆腐煮鱼，不仅味道鲜美，而且可预防骨质疏松症、小儿佝偻病等。因为豆腐含有大量钙元素，若只吃豆腐，人体对钙的吸收率会很低，但与富含维生素 D 的鱼肉一起吃，则可大大增加钙的吸收与利用。

22. 长寿饮食四诀

（1）少食添寿：少食可维持人体内荷尔蒙平衡，防止胰岛素、生长激素、促卵泡激素的上升，减少脂质过氧化程度，少得病。主要是减少主食摄入，蔬菜、水果则应多吃，以满足人体对养分和水分的需求。

（2）杂食养生：人体对养分的需求是多种多样的，如蛋白质、脂肪、碳水化合物、维生素及微量元素等。锌、硒、硼、锰、铬等微量元素，虽然在人体内的含量不到体重的万分之一，却明显影响着人体的机能。所以，要荤菜、粗细食品搭配食用，才能维持体内营养平衡。

（3）淡食抗衰：常吃清淡食物，可延长血管的"青春期"，推迟硬化。从生理角度讲，成人每天只需 1 克盐就够了。所以，应尽量减少食盐的摄入量，少吃咸菜、咸肉、咸鱼等腌制品，多喝白开水，以减少体内盐分。

（4）生食防癌：生食中有大量维生素和干扰诱生素，这是有效的抗癌物质。生食主要指果蔬类（番茄、瓜类、萝卜、生姜等），应去皮食用。绿叶蔬菜冲洗干净后，还应用温热的开水浸泡，以消除农药残留。

23. 吃肉不吃蒜，营养减一半

如果您在吃酱牛肉、红烧肉时，搭配吃上几瓣大蒜，就会胃口大开。因为在瘦肉中含有维生素 B_1，一般维生素 B_1 在体内停留的时间很短，会随小便排出。如果吃上几粒大蒜，蒜素就会与维生素 B_1 结合，促进血液循环，增强体质。

24. 多吃鲜玉米可防病

新鲜玉米口味浓香，易于咀嚼，且含有丰富的维生素 E、维生素 A、赖氨酸和纤维素，是老幼皆宜的佳品。

新鲜玉米中含有大量的天然维生素 E，有促进细胞分裂，延缓老化，降低血清胆固醇，防止皮肤病变的功效。同时，维生素 E 还有延缓人体衰老，防止"老年性痴呆"，减轻动脉粥样硬化等作用。新鲜玉米含有维生素 A，对老年人常见的干眼病、气管炎皮肤干燥症及白内障等有一定的辅助治疗作用。新鲜玉米含有人体必需的氨基酸，而其他食物含量极少。

研究发现，新鲜玉米还能抑制肿瘤细胞的生长，减少抗癌药物对人体产生的副作用。鲜玉米中的纤维素为精米面的 6 ~ 8 倍，因此，常吃新鲜玉米能使大便通畅，防治便秘和痔疮，还能减少胃肠病的发生。

此外，新鲜玉米有一定的韧性，反复咀嚼，能促进唾液分泌，有利于食物的消化。

25. 大蒜食疗

大蒜具有散寒化湿、杀虫解毒的功效，可治疗感冒鼻塞、腹泻、痢疾等症。

（1）治久咳：大蒜 500 克，去皮捣烂，滤取汁液，加白糖 10 克，调匀，每服一茶匙，温开水送服，每天 3 次，效果优于常用止咳药物。

（2）治肺结核：大蒜 30 克，放沸水中略煮（外熟里生），大黄米 30 克加水熬粥与大蒜同食，每天 5 次；或大蒜适量，去皮，浸于醋中 7 天，每天食 3 瓣。

（3）治支气管炎咳嗽：大蒜 100 克去皮，猪肉 500 克，洗净切块，加水适量，与盐、佐料同煮至熟烂。

（4）治哮喘：紫皮大蒜 60 克，去皮捣碎，红糖 90 克，入沙锅加水煮成膏状，每天早晚各服食一汤匙。

（5）治肺痨初期干咳无痰：大蒜去皮嚼食，每次 4 ~ 5 瓣，每天 5 ~ 6 次。食后可用茶水漱口，以去辣和蒜臭味。

（6）治百日咳：大蒜 100 克，去皮捣碎，加冷开水 500 毫升，浸泡 10 小时后，滤汁加白糖适量调匀服用。5 岁以上小儿每次服 15 毫升，5 岁以下小儿减半，2 小时服用 1 次。或用独头蒜 3 头去皮捣烂取汁，加甘草粉 10 克、冰糖适量，煎水服用，每天 2 ~ 3 次。

（7）治细菌性痢疾：大蒜 2 头，去皮捣烂，加凉开水 60 毫升浸泡，滤汁加红白糖少许服用。或紫皮大蒜 20 克去皮捣烂，加白酒 200 毫升，浸泡 7 天，取汁服用。每次 15 毫升，每天 2 次，温开水调服。

（8）治感冒：大蒜 15 克，去皮捣碎，生姜 15 克，洗净切片，加水一碗煎至半碗，调入红糖适量，睡前趁热一次饮下。

（9）治喉炎、扁桃腺炎：生蒜适量去皮嚼烂，含在口中，每天 2 ~ 3 次，有消炎、止痛作用。

（10）治呕吐、腹泻：大蒜 500 克，去皮捣烂，食盐 250 克炒黄，用 2 500 毫升开水调匀备用。每次服用 5 ~ 8 毫升，每天 3 ~ 4 次。

26.孩子多吃冷饮可致贫血

婴幼儿处于快速生长发育阶段，进食过量的冷饮，胃内帮助消化、杀菌的胃酸浓度会被稀释。过低的温度又会刺激胃肠道血管收缩，使血流量大大减少，孩子食欲进一步下降，更加不想吃饭。冷刺激还会引起胃部肌肉神经兴奋性增高，出现胃肠痉挛，表现为阵发性腹痛，以及胃部不适、腹痛、腹泻、呕吐等症状。时间久了，便会造成营养失衡，严重者可出现贫血。另外，少数肥胖健壮的婴儿，还会因过食冷饮诱发肠套叠、急性肠梗阻等急腹症。

天气炎热时，可让孩子少量吃冷饮，既可去暑，又可调剂孩子的胃口，但在吃饭前后30分钟内、清晨不宜让孩子吃冷饮。让孩子自幼养成饮用白开水的习惯。

27. 喝豆浆要"煮透"

豆浆以其丰富的营养和90%的高消化率，受到许多人喜爱。但应当指出，豆浆中含有一些有害物质，如胰蛋白酶抑制素和皂毒素，不经充分煮沸就不能破坏。胰蛋白酶抑制素会抑制胰蛋白酶分解消化蛋白质的活性，使蛋白质不能充分吸收。皂毒素不但对胃肠黏膜产生刺激，还能破坏红细胞，有溶血作用。

煮豆浆到80℃时，会有冒泡沫"假沸"溢锅现象。此时，豆浆并未煮熟，应去除泡沫，继续温火慢煮。等到100℃时全沸，泡沫也没了，这表明皂毒素等有害成分已经破坏，才可起锅食用。

28. 食之佳品——黑色食品

所谓黑色食品，主要是指表皮为黑色的食品。研究表明，天然黑色食物具有很高的营养价值，为此，国内外兴起了"黑色食品热"。

（1）黑米含有多种氨基酸、矿物质和维生素，可防治少年白发，对孕产妇也有补益之效。

（2）黑豆、豆豉均含植物蛋白、必需氨基酸、卵磷脂、不饱和脂肪酸、多种维生素、烟酸及大量钙质，多食可降胆固醇，预防肥胖和动脉硬化。

（3）黑枣有补中益气、补血、维持上皮细胞组织的功效。

（4）黑芝麻富含不饱和脂肪酸、维生素E、钙，有助于降低胆固醇，防止高血压，延缓衰老，还有养肤、乌发、明目等功效。

（5）黑木耳含铁质丰富，常食能减少血液凝结，防止血栓，还有补血、防治冠心病、动脉硬化等疗效。

（6）香菇富含核酸物质，对胆固醇有溶解作用，可降低血脂、血清胆固醇含量；富含维生素 D，可防治佝偻病、老年性骨质疏松症；含有硒、锗等微量元素，有抗癌，防感冒，促进产生干扰素诱生剂，激活巨噬细胞，提高人体自身免疫力的功效。

（7）海带、紫菜、发菜含褐藻胺、碘、钙、甘露醇等成分，有助于降低胆固醇，软化血管，防止冠心病、高血压。

（8）乌骨鸡含 17 种人体必需氨基酸，食用可提高肌体免疫力，延缓衰老。著名的中成药"乌鸡白凤丸"，即以乌骨鸡为原料，辅以中成药精制而成，可治疗妇科病、慢性肝炎、糖尿病、关节炎、血小板减少性紫癜等。

29. 独具特色的瓜菜——苦瓜

苦瓜含有苦瓜甙、苦味素，味苦，是独具特色的瓜菜。

（1）苦瓜虽味苦，但人吃后会感到凉爽舒适。每逢夏日，人们天热不思饮食，食用苦瓜可开胃爽口、祛暑清心。

（2）苦瓜的营养价值高，富含蛋白质、脂肪、碳水化合物、维生素等。苦瓜维生素 C 的含量，约为冬瓜的 5 倍、丝瓜的 10 倍、黄瓜的 14 倍、南瓜的 21 倍，居瓜类之冠。

（3）苦瓜不仅是一种佳蔬，而且是一味良药，具有防癌作用。《本草纲目》中记载："除邪热，解疲劳，清心明目，益气壮阳。"

30. 15 种食物儿童不宜多吃

（1）橘子：孩子多吃易产生"叶红素皮肤病"，甚至腹痛腹泻，引起骨病。

（2）菠菜：含有的大量草酸，在人体内生成草酸钙、草酸锌，不易吸收，可导致儿童骨骼和牙齿发育不良。

（3）果冻：本身没什么营养价值，常吃会影响儿童的生长发育。

（4）咸鱼：孩子 10 岁以前开始常吃咸鱼，成年后患癌症的危险比一般人高 30 倍。

（5）泡泡糖：所含的增塑剂有微毒，其代谢物对人体有害。

（6）豆类：含有一种能致甲状腺肿的因子，儿童处于生长发育期更易受损害。

（7）罐头：所含的食品添加剂对儿童有不良影响，易造成慢性中毒。

（8）方便面：含有对人体不利的色素和防腐剂等，易造成儿童营养失衡。

（9）葵花子：含有不饱和脂肪酸，儿童吃多了会影响肝细胞的功能，引起干燥症。

（10）可乐饮料：含有一定量的咖啡因，影响中枢神经系统。

（11）动物脂肪：多吃会造成肥胖，影响钙的吸收。

（12）烤羊肉串：儿童常吃火烤、烟熏食物，致癌物质会在体内积蓄，成年后易患癌症。

（13）巧克力：儿童食用过多，会使中枢神经处于异常兴奋状态，产生焦虑不安、心跳加快，影响食欲。

（14）猪肝：儿童常吃猪肝会使体内胆固醇升高，成年后易诱发心脑血管疾病。

（15）鸡蛋：鸡蛋每天最多吃 3 个，过多会造成营养过剩，引起功能失调。

31.食物防病

（1）橘汁与尿道感染：尿道易感染者，每天喝 300 毫升的橘汁，有助于防治尿道感染，效果比单纯饮水要好。

（2）红茶与流感：研究人员提出，在流感高发季节常饮红茶水，可预防流感。

（3）南瓜子与前列腺病：据研究，每天坚持吃南瓜子（50克左右），可治疗前列腺肥大，并使第2期症状恢复到初期，明显改善第3期病情。

（4）饮料与肾结石：一个人每天喝230克水，患肾结石的危险就会下降4%，每天喝同等量的咖啡、茶水、啤酒及葡萄酒等，患肾结石的危险分别下降10%、14%、21%和39%。

（5）维生素B_6与糖尿病：维生素B_6低于正常值的糖尿病患者，每日供给100毫克维生素B_6，6星期后四肢麻木和疼痛等症状就会减轻或消失。

（6）淀粉类食物与肠癌：专家指出，香蕉、土豆、豇豆等富含丁酸盐，能直接抑制大肠细菌繁殖，是癌细胞生长的强效抑制物质。

（7）蔬菜与肺癌：美国的一个科学小组对332名肺癌患者和865名健康居民的饮食研究后发现，多吃蔬菜的人不易患肺癌。

（8）蔬菜与视网膜退化：每星期吃2～4次蔬菜，可降低视网膜退化的危险。蔬菜含胡萝卜素，可保护视网膜，而视网膜退化正是65岁以上老人丧失视力的主要原因。

（9）燕麦与皮肤瘙痒症：皮肤科医生建议，浴缸注入温水后，加1～2杯燕麦，会有助于止痒，能缓解包括虫咬、阳光晒伤在内的各类皮肤瘙痒症。

32. 蔬菜与健康

蔬菜供给人类机体所需要的养料，有益健康。"三天不吃青，眼睛冒金星"，人几天不吃蔬菜，身体便觉不适。

多吃新鲜蔬菜不但可以增强机体的抗病毒能力，而且还能清洁血液，有效预防感冒。人体骨骼组织正常的发育需要石灰质，蔬菜不仅石灰质含量最高，它所含的酵素还能把蛋白质变成消化蛋白质，把淀粉变成糖。蔬菜能助消化，澄清血管，增强管壁的弹性，保持血液循环处于良好状态，使心脏活动正常。菠菜含有丰富的石灰质和铁质，所含的维生素A可以预防传染病。菠菜叶子含有碘，对治疗甲状腺疾病大有益处。最近，菠菜还被用来治疗辐射病。芹菜炒牛肉很好吃,经常吃芹菜可促进健康,精神饱满。蔬菜的粗纤维素具有加强肠管蠕动,促排便功效。纤维素在防治动脉粥样硬化、冠心病、胃肠道癌症、肥胖病、痔疮、糖尿病等方面,也能发挥特殊的作用。

值得重点推荐的蔬菜有:叶茎类蔬菜如大小白菜、油菜、卷心菜、菜花等,含有的吲哚类衍生物可以诱导酶的活性,抗癌;食用菌中的香菇、猴头、木耳、银耳、草菇、平菇、金针菇等,含有的多糖体可以抗癌;海藻中的海带、昆布和各种紫菜,其中紫菜含大量氯化甲基蛋氨酸硫,有预防癌症的作用。

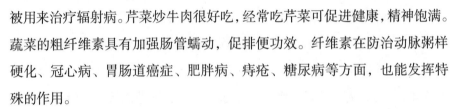

蔬菜治病歌

姜汤止咳治感冒,大蒜解毒又杀菌;

萝卜化痰胀气息,韭菜提神治便秘。

菠菜润肠助消化,芹菜减肥美容颜;

番茄可降胆固醇,慈菇可解无名毒。

莴苣消肿并散结,胡椒驱寒祛风湿;

包菜辣椒均健胃,蕹菜清热兼解毒。

荠菜明目利五脏,冬瓜减肥又降脂;

茭白荸荠降血压,葱白散寒亦通阳。

芦荟清肝兼泻火,扁豆祛暑又健脾;

黄瓜碱性能养人,洋葱抗癌并延年。

33.野菜飘香健身心

野菜不仅营养丰富,而且具有较高的食疗价值。鲜嫩清香的野菜正越来越多地"走上"人们的餐桌。

(1)荠菜:荠菜又名菱角菜,古人称"甘荠",是野菜中的上品,营养丰富,清香宜人。荠菜捣汁可治乳糜尿,熬粥吃对妇女产后恢复、治疗小儿麻疹很有益处。芥菜与猪腰子一起做汤喝，对肾炎患者大有裨益。

（2）马齿苋：马齿苋又叫长寿菜，富含维生素A、B、C，还含有胡萝卜素、蛋白质、粗纤维及钙、铁、磷等，民间常用来做汤、做粥或凉拌。马齿苋对子宫有明显的兴奋作用，所以孕妇不要吃，脾胃虚寒的人也要少吃。

（3）枸杞尖：野生枸杞枝干刚发出的嫩叶尖，含维生素C及多种氨基酸，加少量白糖炒吃，味道十分鲜美。枸杞尖烧羊肉可祛风明目，与鸡蛋同炒可治妇女白带。

（4）香椿：香椿树的嫩叶，有一股特殊的香味。人们习惯用香椿炒鸡蛋，单独炒食具有健胃作用，对胃肠功能紊乱和皮肤过敏者最为适宜。

（5）蕨菜：蕨菜又名龙头菜、吉祥菜，吃起来不仅鲜嫩滑爽，而且营养价值很高，是一般蔬菜的几倍至十几倍，素有"山菜之王"的美誉。蕨菜的吃法很多，卤、爆、炒、烧、煨、焖都可，质地软嫩，清香味浓。

（6）马兰头：马兰头俗称蟛蜞头，又叫马郎头、路边菊，含有丰富的无机盐与维生素。马兰头色泽碧绿、茎肥叶嫩、清香可口，既可炒食或凉拌，又可晒成干菜备用。马兰头还具有凉血、清热、利湿、解毒的作用，痤疮初起和急性腮腺炎患者，可用鲜叶捣烂敷患处，效果显著。

34. 食品搭配误区

（1）豆浆＋鸡蛋：鸡蛋中的黏液性蛋白与豆浆中的胰蛋白酶结合，营养价值大减。

（2）米汤＋奶粉：奶粉含有一般食物所缺乏的维生素A，而米汤以淀粉为主，含有脂肪氧化酶，会破坏奶粉中的维生素A。长期用米汤冲奶粉喂孩子，会使孩子生长发育缓慢，抗病能力减弱。

（3）豆浆＋红糖：红糖含有大量的有机酸，能与豆浆中的蛋白质结合，易产生沉淀，降低蛋白质的营养价值，用白糖则无此弊端。

（4）牛奶＋果汁：牛奶含蛋白质丰富，80%以上为脂蛋白，脂蛋白在 pH4.6 时易发生凝集、沉淀，引起消化不良而腹泻，故牛奶中不宜加入果汁酸性饮料。

（5）**海味 + 水果**：鱼虾、藻类含有丰富的蛋白质和钙质，如果与含鞣质的水果同食，不仅会降低蛋白质的营养价值，而且易使钙质与鞣质结合，形成一种不易消化的物质。这种物质可刺激黏膜，使人出现腹痛、恶心、呕吐等症状。

（6）**啤酒 + 海鲜**：海鲜搭配啤酒，易引发中风。这是因为中风患者本身无法排泄的过多尿酸，而海鲜又会使病情加重。

（7）**肉类 + 茶饮**：茶中的大量鞣酸与蛋白质结合，会生成具有收敛性的鞣酸蛋白质，使肠动减慢，形成便秘。

（8）**白酒 + 胡萝卜**：胡萝卜素与酒精会在肝脏中产生霉素，引起肝病。

（9）**咸鱼 + 西红柿**：咸鱼不宜与西红柿（香蕉以及乳酸饮料）搭配食用。由于咸鱼含硝酸盐，再加上西红柿含的胺类，可引起胃、肠、肝等消化器官癌变。

（10）**虾 + 维生素 C 食物**：由于环境污染，河虾和海虾都含有浓度很高的五价砷化合物。若虾与含维生素 C 的食物同食，无害的五价砷可转化为剧毒的三价砷，造成人体中毒。

（11）**啤酒 + 白酒**：啤酒中含有的大量二氧化碳容易挥发，如果与白酒同饮，就会促进酒精渗透。有些人常常是先喝了啤酒又喝白酒，或是先喝白酒再喝啤酒，这样做实属不当。

四、居家生活

1. 衣服洗涤剂的选择

家庭应慎选洗涤剂，避免使用合成洗衣粉，最好选用无磷、无苯、无荧光增白剂的肥皂，或者是低磷和低苯洗衣粉，而且一定要把衣物漂洗干净。弱碱性液体洗涤剂与弱碱性洗衣粉一样，可以洗涤棉、麻、合成纤维等织物。中性液体洗涤剂可洗涤毛、丝等织物。

2. 几种衣物的洗涤方法

（1）**丝绸衣物**：一般丝绸衣物可以水洗，但需选用中性洗涤剂或高级合成洗涤剂，而不用洗衣机洗涤，以免损伤衣料。先用热水溶化洗涤剂，待冷却后再将衣服浸入，用手轻轻地揉洗，最后用清水漂洗干净。印花丝绸服装因容易褪色，所以不宜水洗，最好干洗。丝绸服装洗干净后，不要用力拧绞，也不能暴晒，而应放在阴凉通风处晾干。

（2）**羊毛织物**：多数羊毛服装都应干洗，洗前应处理污渍。手洗羊毛织衣物时使用温水，水温最高不能超过40℃，适宜使用高级丝毛防缩洗涤剂或柔和型不含漂白剂的洗涤剂。洗涤时应将衣物内面外翻，以免织物表面纤维散落。洗涤剂应充分溶解后再放入衣物，浸泡5分钟，随后慢慢挤压衣物（不要揉搓）。先用温水漂洗，再用凉水漂洗，最后用0.3%醋酸液进行过酸处理，可将衣物用洁净毛巾裹上拧干，也可用机器烘干（时间要短），但决不能绞拧。

（3）**羽绒服**：羽绒衣物如果有污垢，应尽量避免用水清洗，因为内部的填充料最忌水湿。因此，可用软布蘸上中性洗涤剂进行局部清洗，然后用清水洗涤拭净。清洗羽绒服时，可先用清水浸泡15分钟，然后压出水分，放到洗涤剂溶液中浸泡20分钟，再用软毛刷轻轻擦洗，最后用30℃左右

的温水清洗干净即可。

（4）羊绒衫：羊绒衫脏污严重时，在35℃的温水中加入中性洗涤剂，搅匀后放入羊绒衫浸泡15～30分钟。然后用手轻轻拍揉，去除污垢后，用清水漂洗干净即可。羊绒衫脏污不严重时，把中性洗涤剂放入35℃温水中，待起泡后放入衣物，用手轻轻拍揉，去除污垢后，用清水漂洗干净。把洗好的羊绒衫放入布袋或网兜中，然后再放到洗衣机的脱水筒中脱水，注意脱水时间不宜太长。

（5）羊毛衫：洗涤羊毛衫的水温最好在35℃左右，洗涤时用手轻轻挤压，不可搓、揉、拧，更不能用洗衣机洗涤。使用高级的中性洗涤剂，不可使用碱性太强的洗涤剂和肥皂。投洗时要慢慢加凉水，使水温逐步下降，而且要漂洗干净。再用干布包裹羊毛衫，挤出水分。羊毛衫放在通风处摊开晾干，不要吊晒或暴晒。

（6）衬衫：衬衫先用洗涤剂浸泡轻搓，系好所有的纽扣，再放入洗衣机中漂洗。硬领衬衫不可机洗，先用洗涤剂浸泡15分钟，然后用毛刷轻刷，忌揉搓、绞拧。机洗带花边的衬衫时，要系好扣子并叠好，然后放到洗涤网罩里进行清洗，晾晒时应轻轻整理一下带褶、带花边的部分。

3. 新衣先用食盐水洗

新衣服必须用食盐水浸泡、洗一洗再穿，因为新衣服可能残留甲醛（甲醛用于新衣服的防皱，容易残留）。据研究表明，甲醛除了引起急性眼症状、咳嗽、流泪、视力障碍及发疹等外，还有致癌作用。因食盐能消毒、杀菌、防止棉布褪色，所以新衣服最好用食盐水浸泡。

4. 皮革衣物的清洁方法

一般人以为皮衣不能沾水，其实只要小心处理，一样可用水处理污渍。先在内侧不显眼处试试是否会褪色。如没褪色，可以用棉绒布擦去表面灰尘，用稀释的中性洗剂擦洗，再用拧干的毛巾擦净。

清洗过后或被雨淋湿的皮衣，不能直接阳光暴晒。用毛巾将皮衣上的水分吸干，再在水渍处均匀地涂上甘油或凡士林，挂于温暖的室内，待其慢慢晾干。

皮衣受潮发霉，要用软布擦去霉斑，再用皮革去污剂处理。或用软布擦一遍皮面，涂上一层凡士林，15分钟后用软布擦去，霉点便会消失。皮衣表面有刮花痕，可用棉花蘸少许与皮衣颜色相同的鞋油涂擦，再以软布擦亮。

5. 巧选羽绒被

（1）根据羽绒被被芯的种类选购：羽绒被的被芯有白鹅绒、灰鹅绒、白鸭绒、灰鸭绒、鹅鸭混合绒和粉碎绒等，含绒量分别为15% ~ 70%。其中质量最好的是鹅绒，绒朵大、羽梗小、品质佳、弹性足、保暖性强；其次是鸭绒，虽绒朵、羽梗都比鹅绒差些，但品质、弹性和保暖性都很高。鹅鸭混合绒的绒朵一般，弹性较差，但保暖性还不错；粉碎绒由于是毛片加工粉碎，弹力和保暖性差，有粉末，品质较次。

（2）根据羽绒被的面料选购：羽绒被的面料有仿绒布、塔夫绸、尼龙涂塑布等。其中仿绒布色泽不鲜亮，但经济实惠；塔夫绸色泽鲜艳，颜色多种，可凭自己的喜爱挑选；尼龙涂塑布质量好，保暖性更强。

6. 凉席的使用和保养

（1）草席：采用灯心草、蒲草、马兰草编织的草席不是太凉，多受老人喜爱，但草席有易生虫的弱点。新草席使用前最好经阳光晒一晒，

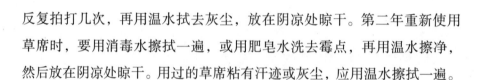

反复拍打几次，再用温水拭去灰尘，放在阴凉处晾干。第二年重新使用草席时，要用消毒水擦拭一遍，或用肥皂水洗去霉点，再用温水擦净，然后放在阴凉处晾干。用过的草席粘有汗迹或灰尘，应用温水擦拭一遍。

（2）竹席：竹席（包括麻将席）容易折损，所以铺竹席时要保持床板的平整，以免硌破。每天睡前睡后最好都用温水擦拭一遍，这样能使竹席提前泛红，更加凉爽。此外，竹席不宜暴晒，以免变脆。

（3）亚麻席：亚麻凉席以其吸汗、透气、抑菌等特点，备受人们喜爱，被誉为"天然植物空调"。亚麻席价格定位中档，介于牛皮席和竹（草）席之间，较草席、竹席更为细腻，更适用于老人和儿童。真正优质的亚麻席，使用寿命可长达 10 年以上。亚麻席水洗前，最好在 40℃温水中浸泡 10 分钟，手洗时勿用力拧，整平后自然阴干；机洗时采用抗皱功能，无需脱水。

（4）牛皮席：牛皮席的散热、防潮功能不错，凉度适中，且越用越光亮，但价格较高。使用期间，定期用略湿的毛巾擦拭牛皮席面，但不宜在阳光下直晒，也不要用水冲洗。如有污迹，只需用湿毛巾轻轻抹擦即可。牛皮席上出现的毛孔及皮纹属自然形成，不需特别保养。

7. 如何保养丝绸服装

（1）洗涤：丝绸服装宜用中性肥皂或丝绸专用洗涤剂洗涤。先把丝绸服装放在水里浸泡 2 ~ 3 分钟，然后放入洗涤剂轻轻揉搓。黑色、藏青色的丝绸服装，绝对不能用碱性肥皂，易掉色。

（2）晾晒：丝绸服装不要过分紧拧，忌用粗糙木质的衣架，最好是塑料衣架晾晒。

（3）整理：丝绸服装洗过后，最好能熨烫一下，也可以在丝绸服装晾晒八九成干时，折叠好压平再晾干，保证平整无皱。

（4）穿着：人们穿着丝绸服装时，站、立、行都要当心，不能随地乱坐，也不要穿着睡觉。丝绸要勤换勤洗，一般穿两三天就应换洗一次，否则，容易污损。

8. 保持厨房清洁

（1）五项原则：保持厨房清洁和干燥，防止细菌在暖和、潮湿的环境中繁殖。砧板要经常消毒，尤其是切生肉、鱼和家禽后更要立刻冲洗干净。抹布要每天用消毒药水清洗后晾干。垃圾桶要经常清理，定期用消毒剂冲洗。储存食物的容器要加盖，以防蚊蝇。

（2）擦玻璃窗：用洋葱片擦玻璃窗，不仅能擦掉窗上的污垢，还能使窗户特别明亮。用干净的湿布蘸一点白酒或洗发水，擦玻璃很干净。用毛巾蘸啤酒擦玻璃窗，洁净光亮。

（3）地面油污巧清除：用热水浸润有油污的地面，然后往拖把上倒一些醋，再拖地就能去除油污。

（4）厨房墙壁油污清洗：在盆中倒入沸水、少许醋、洗涤剂，搅拌均匀成混合液。用抹布浸湿，拧至半干，然后涂抹瓷砖的油污处。稍浸片刻（约20分钟），然后再用混合液擦洗墙面，可轻松将墙面擦干净，最后用清水清洗。

（5）除灶具油污：液化气灶具粘上油污，用清水洗不干净，用碱水又容易洗掉油漆。有个好办法，就是将黏稠的米汤涂在灶具上，待米汤干燥结痂后，油污就会附着在痂上，只要将米汤痂"揭"掉，油污就会随之除去。还可以用较稀的米汤、面汤直接清洗灶具污垢。不锈钢灶具不能用硬质百洁布、钢丝球或化学剂擦拭，要用软毛巾、软百洁布带水擦拭或用不锈钢光亮剂擦拭。

（6）抽油烟机油污的清洗：抽油烟机的面板清洗起来比较简单，可喷上清洁剂后盖上纸巾，使清洁剂分解污垢，30分钟后揭下纸巾，再用湿海绵轻轻擦拭。用纸巾吸收清洁剂，就可吸走大部分油污，最后用温水擦洗一遍即可。

（7）巧除剪子和菜板的腥味：剪过鱼的剪子、切过肉的菜板，都会沾染一股腥味，只要用生姜片或柠檬皮擦拭，可除去腥味。用盐水擦拭或用凉水冲洗菜板后，将其放在火上烤一下，可去除菜板上的腥味。用布或棉团蘸取醋，擦拭菜板，可有效去除腥味。

（8）砧板污渍巧清除：砧板用完后，先用硬刷把板面上的残渣清除干净，再用自来水冲洗两遍，最后用沸水冲烫两遍，竖起晾干即可。在砧板上均匀地撒上一些盐，第二天用清水冲洗干净，也可起到消毒的作用。或放在消毒液中浸泡15分钟，再用清水冲洗干净。

9. 皮革沙发的清洁

用干净的软布或针织布蘸水拧干后轻轻擦拭沙发，可去除灰尘和污渍。如果污渍较为顽固，可用干净的湿海绵蘸上中性洗涤剂抹拭，然后用潮湿的抹布擦拭，自然阴干。如不小心将饮料等泼洒在沙发上，用干毛巾和湿布擦拭，然后用皮革保养剂进行保养。若皮革沙发沾上油脂，可用干布擦干净，或用清洁剂清洗，但不可用水擦洗。

10. 清洗水龙头

洗脸盆上的水龙头很容易脏，可用废牙刷蘸取牙膏刷水龙头，然后清洗干净。用橙皮或柠檬皮擦拭水龙头，果酸能够有效去除水龙头的污垢，

令其光亮如新。

淋浴用的莲蓬头在使用一段时间后，出水口就会发生堵塞，使水流变小或不出水，使用起来很不方便。这是因为自来水中的钙、镁和二氧化碳发生反应，生成了不易溶解的碳酸盐，由于碳酸盐的颗粒较大，容易将出水口堵塞。在盆中倒入 3 杯水和 1/2 杯醋，然后放入莲蓬头，浸泡约 15 分钟，碳酸盐遇酸会就溶解，出水口出水便会恢复顺畅，再用清水彻底冲净酸性液体。

11.家庭生活巧用酒精

（1）切菜板使用完毕后，先用清水洗一遍并擦干水，然后喷上酒精，既能消毒，又可消除切菜板的鱼肉腥味。

（2）表面涂漆的家具使用多年后，漆面上的光泽会变得黯淡，显得陈旧。用酒精擦洗家具漆面，就可以光亮如新。

（3）餐桌上有了油迹，用热抹布也难拭净。如用少许酒精倒在桌上，用干净的抹布来回擦几遍，油迹即可除去。

（4）茶杯、茶壶泡茶日久，内壁会出现棕色茶垢，只要用棉花蘸些

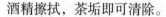

酒精擦拭，茶垢即可清除。

（5）用软布蘸酒精加水（1∶1）擦拭，可去除皮鞋、皮包的霉点。

（6）将酒精喷在球鞋里，待干透后再穿，球鞋就不会发臭了。

12. 如何正确使用过氧乙酸消毒

自从非典型肺炎在我国部分地区出现以来，过氧乙酸成为抢手的消毒剂，一些办公、娱乐、购物等场所及家庭居室都在使用这种消毒剂消毒。下面介绍几种正确的、常用的消毒方法：

（1）**浸泡：**通常纺织品用0.04%过氧乙酸溶液浸泡2小时；餐具洗净后，用5%过氧乙酸溶液浸泡30～60分钟；体温计用0.5%过氧乙酸溶液浸泡15～30分钟；病人排泄物容器（便器、痰盂）用0.5%过氧乙酸溶液浸泡5小时；蔬菜、水果洗净后，用0.2%过氧乙酸溶液浸泡10分钟。

（2）**擦拭：**该溶液可用于消毒皮肤和被污染的物品。将原液稀释成0.2%的溶液，擦洗双手1～2分钟，再用清水洗净；用0.2%～1%过氧乙酸稀溶液擦抹被污染物品，30分钟可达到消毒的目的。

（3）**喷雾及熏蒸：**将原液稀释至0.2%～0.4%，关闭门窗，采用喷雾或加热熏蒸消毒方法，对空气中的病原微生物起到杀灭作用。此方法也适用于服装与大件物品的消毒。空间熏蒸消毒浓度为1克/米^3，密闭20～30分钟即达到消毒目的，开窗通风15分钟后人方可进入。

13. 家庭常用消毒法

（1）**阳光消毒法：**阳光中的紫外线具有良好的天然杀菌作用，物品在阳光下直接暴晒6小时，不隔着玻璃窗，才能达到消毒的目的。孩子的枕头、被褥、毛毯、棉衣裤、毛衣裤、玩具等要经常在阳光下暴晒杀菌。病人的被褥、衣服、用具、家具等，可以拿到阳光下暴晒消毒。

（2）**煮沸消毒法：**水煮沸15～20分钟，便能杀灭一般病菌。如奶瓶、碗筷、匙、纱布、毛巾等，病人的餐具，适宜煮沸消毒。被消毒的物品要全部浸没在水中。

（3）**药物消毒法**：一般家庭备些常用消毒药物（如酒精、漂白粉、来苏水等）即可。

（4）**食醋消毒法**：食醋中含有醋酸，可以杀菌。一般居住房间用食醋 100 ～ 150 克，加水 2 倍，放在瓷碗中，用文火加热蒸发，关闭门窗，对预防呼吸道传染病有良好的效果。

（5）**空气清洁消毒法**：经常开窗通风换气，每次开窗 15 ～ 30 分钟；房间要湿扫，避免尘土飞扬。

14. 卧室除螨

（1）将枕头、床垫、被褥套入被褥套内，拉紧拉链后使用，使人与尘螨过敏原隔离。

（2）床下定期打扫，否则，会积聚很多尘土或毛发，从而成为尘螨和真菌孢子的"栖身地"。有一种海绵玻璃清洁器，先把海绵用洗涤剂浸湿，然后伸进床下清扫尘土。当然，最好是每隔一二个月就将床搬开，做一次彻底的大扫除。

（3）集中换洗坐卧具、棉织品和绒玩具，用 55℃以上的水浸洗。清

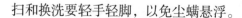

扫和换洗要轻手轻脚，以免尘螨悬浮。

（4）保持室内通风良好。尘螨喜欢生活在潮湿的环境，用空调可将室内空气相对湿度控制在 50% 以下，避免尘螨繁殖。

15. 家庭慎用清洁用品

清洁用品包括洗衣粉、洗洁精、消毒剂、漂白粉、沐浴液、空气清洁剂、洁厕灵、卫生间清洁剂、杀虫剂等，妇女操持家务时接触较多，易受到损害。

（1）皮肤受损：家庭用清洁化学品含有碱、发泡剂、脂肪酸、蛋白酶等有机物，其中的酸性物质能从皮肤组织中吸出水分，使蛋白质凝固；碱性物质除吸出水分外，还能使组织蛋白变性并破坏细胞膜，损害比酸性物质更加严重。

（2）免疫功能受损：各种清洁剂都可能导致人体过敏，有些化学物质会损害淋巴系统，引起人体抵抗力下降。

（3）血液系统受损：人的血液具有一定的自净能力，微量的有害物质进入血液，会被稀释、分解、吸附和排出，但长期必然有害。

（4）神经系统受损：一些空气清洁剂中所含的人工合成芳香物质，能影响人的神经系统，出现头晕、恶心、呕吐、食欲减退等症状。

（5）生殖系统受损：化学稀释剂、洗涤剂大都含有氯化物，可损害女性的生殖系统。清洁剂中的烃类物质，可致女性卵巢丧失功能；烷基磺酸盐等化学成分可通过皮肤黏膜吸收。

总之，妇女使用清洁用品时，应采取保护措施。如戴上橡胶手套后再用洗衣粉洗衣物；身体接触了化学品，要多用清水冲洗干净；居室多开窗通风等。

16. 如何检验房屋的主体质量

房主要仔细查看主卧与客厅靠近露台的墙面有无裂缝，如果裂缝与墙角呈 45 度斜角，就说明此房屋沉降严重，结构有质量问题，居住会有危险。检查阳台的两侧墙面，有裂缝表明此建筑存在严重的质量问题。看承重墙是否有裂缝，若裂缝贯穿整个墙面，说明此房存在很大的安全隐患。察看房屋的地面和顶层是否有渗水情况，特别是厨房、卫生间和阳台的顶部与管道接口处，超过 3 厘米说明房屋存在质量问题。在接到开发商的入住通知单时，验收人可以按照下列步骤验房：详细检查房屋的整体质量；检查墙体是否渗水；检验门窗的密封性；检验瓷砖是否空鼓；检验地板是否平整；检验下水是否堵塞；检验水、电、煤气是否正常；核对楼房的层高，核对房屋面积，核对设施与设备。

17. 装修中有哪些隐蔽工程

按照规定，顶棚的吊顶龙骨应该牢固可靠，不得扭曲、变形。一旦吊顶与楼板，龙骨与饰面板结合不好，就有可能造成顶棚整体或局部塌落。

在封装阳台时，门窗必须横平竖直、高低一致，外观无变形、开焊，断裂，框与墙体之间的缝隙密实。管道安装后一定要经过注水、加压检查，没有"跑、冒、滴、漏"才算过关。

暗埋线路不能直接埋入抹灰层，而要在电线外面套管。套管中的电线

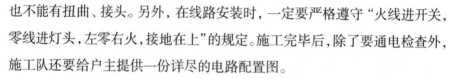

也不能有扭曲、接头。另外，在线路安装时，一定要严格遵守"火线进开关，零线进灯头，左零右火，接地在上"的规定。施工完毕后，除了要通电检查外，施工队还要给户主提供一份详尽的电路配置图。

在对墙壁进行涂漆之前，一定要将原有墙皮铲除干净，不留油污。

18. 如何鉴别电线的质量

看成卷的电线包装牌上，有没有中国电工产品认证委员会的"长城标志"和生产许可证号；有没有质量体系认证书；合格证是否规范；有无厂名、厂址、检验章、生产日期；电线上是否印有商标、规格、电压等。

看电线铜芯的横断面，优等品紫铜颜色光亮、色泽柔和，铜芯黄中偏红；伪劣铜芯线铜芯为紫黑色、偏黄或偏白，杂质多，机械强度差，韧性不佳，稍用力即会折断，而且电线内常有断线现象。检查时，只要把电线一头剥开2厘米，然后用一张白纸在铜芯上稍微搓一下，如果白纸上有黑色物质，说明铜芯杂质较多。

截取一段绝缘层，看线芯是否位于绝缘层的正中。不居中的是偏芯，在使用时如果功率小还能相安无事，一旦用电量大，较薄一面很可能会被电流击穿。

取一根电线头用手反复弯曲，手感柔软，抗疲劳强度好，塑料或橡胶手感弹性大，电线绝缘体上无龟裂的，就是优等品。

看电线的长度与线芯粗细。相关标准规定，电线长度的误差不能超过5%，截面线径不能超过0.02%。

19. 怎样减少家庭装修污染

家庭装修肯定要与各种板材、油漆、涂料、瓷砖、石材等建材打交道，如果使用了没有达标的建材，所含的醛、苯、氨和放射性元素、放射线等有害物质就会污染环境，损害人体健康。一般装修常用的人工合成板、大芯板、胶粘剂中都含有甲醛，内墙涂料、油漆等含有苯，瓷砖、大理石、花岗岩、水泥等材料中含有氡。此外，制造家具的人工板材、电镀零部件、涂料中也含有甲醛、苯等对人体有害的物质。总之，家庭装修中的"隐形杀手"主要来自装修材料。

在装修时，尽量选用无毒或少毒、无污染或少污染的施工工艺。人造板有锯口时，应在锯口处涂上涂料，以便在锯口处形成稳定的保护层，防止板材内的甲醛散发。严格按照国家标准，选用无污染或者少污染的室内装饰装修材料。

新建或新装修的居室，尽可能推迟入住时间。注意通风，在室内摆放虎尾兰、芦荟、吊兰等绿色植物，采用活性炭、光触媒、空气触媒、甲醛清除剂等，来吸收甲醛。

20. 家庭节约用水

一般来说，用淘米水、煮面水洗菜和碗筷、浇花，既能节水，又能减少洗洁精的污染；洗菜水、淘米水、刷锅水可用来浇花；用洗衣水、洗脸水、洗澡水擦地板、冲厕所，效果都是不错的。

有些餐具油污很多，如果直接用水冲洗，既费水又费洗涤剂。先用一张卫生纸把餐具上的油污擦去，然后再用一小滴洗洁精加一点热水洗一遍。

提高厨房水的利用率。洗蔬菜时，不要一直开着水龙头，最好先在盆里浸泡一段时间，再用水冲洗 1 ~ 2 遍，这样既可去除农药残留，又节省水。洗碗时如果油污不是很多，就可以不用洗洁精，而用热水清洗。

根据衣物的种类和脏污程度，决定洗涤时间。先对衣物浸泡，不但容

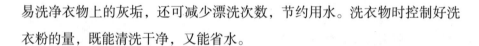

易洗净衣物上的灰垢，还可减少漂洗次数，节约用水。洗衣物时控制好洗衣粉的量，既能清洗干净，又能省水。

21. 家庭节约用电

（1）电器"待机"也耗电：很多人认为自己平时挺注意省电的，空调省着用，电灯随手关，却不知道电器处于"待机"状态照样耗电，虽然耗电量不大，但积少成多，也是值得重视的。电脑在睡眠状态下的能耗为 7.5 瓦，即便关了机，只要插头还没拔，照样有 4 瓦的能耗。由此可知，家庭中的电器虽然关掉，只要插头没拔，同样会消耗大量电能。睡觉或无人观看电视时，应及时关机并切断电源（待机功率约 8 瓦）。

（2）合理使用空调可节电：使用空调时，不宜将温度调得太低，国家推荐的制冷温度为 26 ~ 27℃，使用空调的睡眠功能可节电 20% 左右。使用空调的过程中关闭门窗，用窗帘遮阳，也可以节省空调制冷用电。在使用空调前房间通风换气，如需开窗，窗户的缝隙不要超过 2 厘米。勿给空调外机穿"雨衣"，以利于外机散热。

（3）提高灯具照明效率有妙招：选购灯具的时候，灯具功率与房间的面积相适应，太小或太大都不利于节能。定期清扫灯具的灰尘，有利于提高照明效率。电子节能灯要选购合格产品，不要购买产地、厂名不详的杂牌货。一支 13 瓦电子节能灯的亮度相当于 60 瓦的白炽灯，10 平方米的房间选用 10 ~ 13 瓦的节能灯即可。

目前节能灯以聚丙烯、聚甲基丙烯酸甲酯材料为佳，具有透光度高、轻体、防紫外线和抗老化能力强的优点。节能灯在启动时最耗电，而且每开关一次都会使寿命降低大约 3 小时，所以要尽量降低节能灯的开关频率。另外，由于节能灯的特点是开后时间持续越长越明亮，越省电，所以如果晚上出门在 2 小时以内，就不要关灯了，因为这比开灯的耗电更为划算些。

22. 肌肤的日常保养

肌肤要特别注意保湿和滋润，预防因紫外线伤害而造成的皱纹、斑点，平时要注意防晒。若为中性肌肤，要按不同季节选择适合自己的护肤品，坚持基本的日常保养，同时注意防晒。若为油性肌肤，应该注意日常彻底清洁肌肤，加强去角质、敷面及收缩毛孔的特别护理，同时避免高热量、辛辣和油性的食物，多吃水果、蔬菜。若为敏感性肌肤，要避免使用刺激性护肤品，同时保证所处环境的清洁。

夏天紫外线强烈，尘土飞扬，温度过高，都有可能对人的肌肤造成损害。夏季护肤最重要的是清洁肌肤、防晒和补充水分。若为干性肌肤，应以防晒为主。若为油性肌肤，除了重视防晒和定期去角质外，首选深层清洁、控油和收缩毛孔功能的日常护肤品。另外，要多饮水，饮食清淡，少吃芹菜、香菜等。秋季人的肌肤水分蒸发加快，角质层缺水，会感觉紧绷，甚至干裂起皮。选用不含酒精成分的化妆水、滋润清爽的日霜和晚霜，有漂白效果的软性面膜等。每周做一次全套面部护理，清洁面部深层污垢和死皮，加速肌肤血液循环。此外，多喝开水、豆浆、牛奶等，多吃新鲜蔬果、鱼、瘦肉，戒烟、酒、咖啡、浓茶及煎炸食品，吃些芝麻、核桃、蜂蜜、银耳等防燥滋阴的食物。

冬季人的肌肤不但干燥，还易冻伤，易出现红斑和皮屑等过敏现象，选择合适的保湿滋润产品非常重要。冬季肌肤油脂分泌减少，不宜使用完全不含油的保湿补水品，也不要用油腻的护肤品，否则，只能锁住肌肤水分，不能补水。此外，冬季使用润唇膏非常必要，防晒也不可忽视。

23. 怎样消除眼袋

把一小杯茶放入冰箱中冷冻约15分钟，然后用一小块化妆棉浸在茶中，再把它敷在眼皮上，能减轻眼袋的浮肿程度。睡前用无名指在眼袋中央位置轻压10次，每晚持之以恒，以缓解眼部浮肿的问题。按时合理使用一些眼霜，增加眼部肌肤的弹性和结实度，保持眼周围肌肤的水分平衡。多摄取鱼类、胡萝卜、番茄、土豆、动物肝脏、豆类等富含维生素 A 和维生素 B_2 的食物。闲时多做些眼睛保健操，多按摩眼睛周边穴位，加速血液循环，活跃眼部周围血细胞。

24. 怎样淡化雀斑

人脸上有了雀斑，千万不可乱用祛斑产品，否则，斑不消失，还可能会烧伤肌肤，轻者几个月可恢复，重者永远不能恢复。出门防晒品最好选天然且不含铅的。睡觉前擦点维生素 E，保证睡眠时间。平时生活中保持愉快心情。做好脸部的基础护理工作。每天喝一杯番茄汁或经常吃番茄，对防治雀斑有较好的作用。番茄中的维生素 C 可减少黑色素的形成。将柠檬榨汁，加冰糖适量饮用。柠檬中含有维生素 C，可美白肌肤。

25. 怎样摆脱头皮屑的困扰

注意头皮卫生，经常用温水洗头，一般 1 周洗 1 次，必要时 3 ~ 4 天洗 1 次。洗头时不宜使用碱性过强的肥皂，这会刺激头皮上皮细胞角化，产生头皮屑。每天早、晚梳头 2 ~ 3 次，能促进头皮的血液循环，有利于头发的生长，减少头皮上皮细胞角化。戒烟、少饮酒，避免吃辛辣和多脂性食物，头皮瘙痒时忌剧烈搔抓和用锐物刮洗。外用药物可用硫柳软膏，配方为柳酸 2 克，硫黄 5 克。或用氯柳酊，配方为氯霉素 1 克，柳酸 3 克，甘油 5 毫升，75% 酒精加至 100 毫升。内服药物辅助治疗，如维生素 B_6 10 毫克，每日 3 次；甲状腺素片 0.03 ~ 0.06 克，每日 1 ~ 2 次。

26. 银首饰简易识别法

（1）**辨色法**：用眼观察，看上去洁白，有光泽，做工细，并在首饰上印有店号的，为成色高的银首饰；看上去色微黄，做工粗糙的，为成色低的银首饰；色泽差，无光泽的多为假银首饰。

（2）**折弯法**：用手折弯银首饰，易弯不易断的成色较高；僵硬或勉强折动，甚至无法折动的成色较低；经折弯或用锤子敲几下就会裂开的为包银首饰；经不起折弯，且易断的为假货。

（3）**硝酸鉴别法**：用玻璃棒将硝酸滴于银首饰锉口处，呈糙米色、微绿的成色较高；呈深绿色，甚至黑色，无末或锉口有末的成色较低。

（4）**抛掷法**：将银首饰从上向下抛在台板上，弹跳不高，并有"噗嗒"之声的为真的或成色高的银首饰；抛在台板上跳得较高，且声音尖亮的，为假的或成色低的银首饰。

27. 什么是伪劣商品

鉴别伪劣商品，目前国内大体有 14 条标准：①失效、变质的；②危及安全和人体健康的；③所标明的指标与实际不符的；④冒用优质或认证标志，伪造许可证的；⑤掺杂使假、以假充真或以旧充新的；⑥国家有关法律法规明确规定禁止生产、销售的；⑦无检查合格证或无有关单位销售证明的；⑧未有中文标明商品名称、生产者和产地的；⑨限时使用而未标明失效时间的；⑩按有关规定应用中文标明规格、等级主要技术指标，或成分、含量等而未标明的；属处理品，而未在商品或包装的显著部位标明"处理品"字样的；属剧毒、易燃等危险品，而没有标明的；未注明商品的有关知识和使用说明的；实施生产许可证管理，而未标明许可证编号有效期的。

28. 闲话五味

"甜、酸、苦、辣、咸"五味，与人日常生活息息相关，并且与人体健康也有密切关系。

（1）**甜**：甜食可补气血，有解除肌肉紧张、解毒作用，还有调和药性的功能。但甜食过量会引起胆固醇的增加，血糖升高，并易造成体内钙和维生素 B 的缺乏，严重的还会影响视力。

（2）**酸**：酸性食品可促进食欲，有健脾开胃功效，并能增加肝脏抗病能力，提高人体对钙和磷的吸收率。但酸食过多，会引起消化功能紊乱。

（3）**苦**：苦味有清热、防燥湿和泻的作用，如黄芩、黄连可清热、泻火，黄檗可防燥湿，大黄能泻下、清热。但含苦味食物也不宜吃得过多，否则，会引起消化不良症、肠胃不适等。

（4）辣：适量的辣味食物可刺激胃肠蠕动，增加消化液分泌，并能促进血液循环、机体代谢。但辣味过多，会影响肾黏膜，使火气过盛。因此，凡患有痔疮、胃溃疡、便秘、神经衰弱及皮肤病的人不宜吃辣。

（5）咸：人每天进食约 10 克食盐，就可满足人体所需。食盐的主要作用是调节细胞、血液之间的渗透平衡和正常的水盐代谢。此外，咸味还有软化作用，特别是腹泻、呕吐、大汗淋漓时，应适当补充盐分，可防止体内微量元素的缺乏。

五味也有禁忌，即肝病禁辣，心病禁咸，脾病禁酸，肾病禁甜，肺病禁苦。

29. 有些食物不宜放入冰箱

据专家介绍，有些水果是不适宜放入冰箱储藏的。如芒果、柿子、香蕉等酱果类（即能够剥皮、果肉呈酱状的水果），在 12℃以下存放反而容易发黑腐烂；橙子、柠檬、橘子等柑橘类，在低温下表皮的油脂容易渗进果肉，导致果肉发苦；草莓、杨梅、桑葚等即食类，放入冰箱不仅会影响口味，也容易霉变，最好即买即食；但苹果、西瓜则可以暂时存放在冰箱内，以延长保质期。至于蔬菜类的黄瓜、青椒在低温中会冻伤发黑，番茄经冷藏后可能会酸败腐烂，都不宜冰箱贮藏。另外，面包、火腿、巧克力等食品也不宜在冰箱里存放，会加速变干。焙烤类食品（如月饼）在低温下熟

化的淀粉会容易析出水分，变得老化（即"返生"），因此，也不宜放入冰箱储存。

30. 怎样挑选牛奶

（1）市场上的牛奶饮品品种繁多，一般可分为牛乳和含乳饮料两大类。含乳饮料的包装上标有"饮料"、"饮品"、"含乳饮料"等字样，配料表除了牛奶外，一般还含有水、甜味剂等，蛋白质为1%左右；而牛乳制品才是真正意义上的"牛奶"，包括巴氏杀菌乳、灭菌乳、酸牛乳等，配料为牛奶，但不含外加水（复原乳除外），蛋白质为2.3%以上。二者是不同类型的饮品，营养成分相差悬殊，不可混为一谈，消费者选购时需注意区别。

（2）在牛乳制品中，酸牛乳是牛乳经发酵制成的产品，不仅具有牛乳的营养价值，含有的乳酸菌等有益微生物还会抑制人体肠道中的腐败菌，促进营养物质的消化吸收。巴氏杀菌乳是牛乳经过低温杀菌（60～82℃，即巴氏杀菌）制成，保持了牛乳的营养与鲜度，但与酸牛乳一样，保质期短，且须低温贮存（2～6℃），有塑料袋、玻璃瓶等包装。灭菌乳是牛乳经超高温瞬时灭菌，完全破坏其中可生长的微生物，可在常温下长期保存。

（3）"复原乳"（又称"还原乳"）是指把乳浓缩、干燥成为浓缩乳（炼乳）或乳粉，再添加适量水，制成与原乳中水、固体物比例相当的乳液。国家标准允许酸牛乳和灭菌乳用复原乳作原料，而巴氏杀菌乳不能用复原乳。同时还规定，以复原乳为原料的产品应标明为"复原乳"。但有些生产企业却隐瞒真相，明明使用了复原乳为原料，却不明示，也没有在配料表中注明"水、乳粉"，有关部门必须加强监管。

（4）按含脂肪量的不同，牛乳产品有全脂、部分脱脂、脱脂之分。国家标准规定：巴氏杀菌乳、灭菌纯牛乳和纯酸牛乳的脂肪含量全脂为≥3.1%，部分脱脂为1.0%～20%，脱脂为≤0.5%；灭菌调味乳和调味酸牛乳、果料酸牛乳的脂肪含量，全脂为≥2.5%，部分脱脂为0.8%～16%，脱脂为≤0.4%。牛乳产品中的脂肪品质高，容易消化吸收，供给人体能量。其中部分脱脂和脱脂牛奶适合健康者，特别是需限制和减少饱和脂肪摄入

量的成年人饮用。

（5）近年来，乳制品市场上品种繁多，有"特浓奶"、"高钙奶"，还有加入铁、锌等微量元素的牛奶等，令消费者颇为迷惑，不知如何选择。专家指出，在牛奶中添加脂肪、钙等并非不可，但应按国家标准规定添加且明示，让消费者明白消费。

（6）消费者在选购牛乳产品时，最好选择品牌知名度高且标识说明完整、详细的产品，特别要注意是否有生产日期和保质期。

31.蜂蜜的真假鉴别

蜂蜜中含有糖类、花粉、蛋白质、氨基酸、有机酸、酶、激素和维生素等多种营养成分，不仅是一种高级营养滋补品，还是治病的"良药"。具有润肌白肤的作用。因此，蜂蜜的市场需求量很大。目前社会上有许多不法商贩，利用各种方法制造假蜂蜜。例如，用饴糖、糖浆或用糖稀加色稠剂直接冒充蜂蜜；用糖和水，再添加增稠剂来增加假蜂蜜的浓度；用白糖加水和硫酸熬制蜂蜜。消费者面对质量良莠不齐的蜂蜜，应该学会鉴别蜂蜜真假的方法，才能避免上当受骗。

（1）看标签、颜色、形状和结晶。

看标签：有一些蜂蜜产品的配料表中有蔗糖、白糖、果葡糖浆等成分，而纯正的蜂蜜产品不允许加入这些物质。

看颜色：真蜂蜜在常温下呈透明、半透明状的黏稠液体，温度较低时可发生结晶现象。真蜂蜜中因含有一些蛋白质、生物酶、矿物质和花粉等成分，所以看起来不是很清亮，呈白色、淡黄色或琥珀色，以浅淡色且无死蜂、蜡屑及其他杂质为上品。假蜂蜜由于掺入的物质成分不同而颜色各异。例如，用白糖、糖浆熬制的蜂蜜色泽鲜艳，一般呈浅黄或深黄色。直接掺糖的蜂蜜色浅，底部可见未溶化的糖粒。掺入淀粉的蜂蜜，通常是将淀粉或米汤熬成糊状后加入糖，然后再加入蜜中。这种蜜混浊，即使用水稀释也混浊不清。掺入羧甲基纤维素的蜂蜜颜色深黄，底部有白色

胶状小粒。

看形状：真蜂蜜呈黏稠液体，用筷子挑起后可拉起柔韧的长丝，不易断流，断后断头回缩并形成下粗上细的塔状。劣质蜂蜜有悬浮物或沉淀，黏度小，挑起时呈滴状下落，易断流，断后不会形成塔状物。在暴晒后真蜂蜜变稀薄，而假蜂蜜无明显变化或更黏稠。若蜂蜜容易流动、稀薄，很可能掺了水。

看结晶：真蜂蜜低温（10℃以下）可结晶，呈黄白色、细腻、柔软；假蜂蜜结晶粗糙、透明。

（2）闻气味。真蜂蜜气味纯正、自然，有淡淡的植物花香，而假蜂蜜闻起来有刺鼻异味或水果糖味，根本闻不到芳香味。

（3）品味道。真蜂蜜吃起来有清甜的葡萄糖味，香甜可口，有黏稠糊嘴感，有花香和淡淡的酸味，回味悠长；品尝结晶块时牙咬即酥，含在嘴里立即溶化。假蜂蜜仔细品尝有苦涩味，不但没有花香味，而且有很浓的蔗糖味；结晶块咀嚼如砂糖，声脆响亮，不易溶化。

32. 正确使用沙锅

（1）沙锅不宜炒菜和熬制黏稠的食物。

（2）每次使用沙锅以前，先擦干水。煮的时候如果发现水少了，应及时加点温水。锅内的汤汁千万不要溢出或者烧干。

（3）一般用铁锅烧菜的火候是武火——文火——武火，而沙锅烧菜则是先用文火，再用旺火，待汤烧开后再用文火烧熟。烧好的菜肴也不必盛出来，可连锅带菜放在瓷盘上直接上桌，或者放在干燥的木板或草垫上，千万不要放在瓷砖或水泥地上，否则沙锅骤然受冷会破裂。

（4）新沙锅使用前，最好用淘米水煮一下，这样可以堵塞住沙锅细微的孔眼，防止渗水，延长使用寿命。

33. 何谓安全食品

安全食品主要包括无公害农产品、绿色食品和有机食品。这三类食品像一个金字塔，塔基是无公害农产品，中间是绿色食品，塔尖是有机食品，越往上要求越严格。

（1）无公害农产品是指经省一级农业行政主管部门认证，允许使用无公害农产品标志，无污染、安全，农药和重金属含量均不超标的农产品及其加工产品的总称。

（2）绿色食品是指遵循可持续发展原则，按照特定生产方式生产，经专门机构（中国绿色食品发展中心）认定、许可，使用绿色食品标志商标的无污染、安全的食品。

（3）有机食品是指按照有机农业生产标准，在生产中不采用基因工程获得的生物及其产物，不使用化学合成的农药、化肥、生长调节剂、饲料添加剂等，采用一系列可持续发展的农业技术，生产、加工并经专门机构（国家有机食品发展中心）严格认证的农副产品。

34. 当心白糖中的螨虫

白糖贮存时间长了会生螨虫，这种螨虫肉眼是看不见的。有人做过试验，从 500 克白糖中竟检出 1.5 万只螨。人吃了被螨污染的白糖，螨会进入消化道寄生，引起不同程度的腹痛、腹泻等症状，医学上称为肠螨病。如在婴幼儿或老年人的食物中直接加入这种被污染的白糖，可因呛咳等使螨虫进入肺内而引起哮喘或咯血，并易引发气管炎、肺炎；如螨虫侵入泌尿道，还会引起泌尿道感染，出现尿频、尿急、尿痛或尿血等症状。所以，家庭一次购买白糖不宜过多，并贮藏在干燥处，加盖密封。对于刚买回来的白糖，即使是新出厂的，也可能有虫，最好不要直接食用。在调制饮料或做凉拌菜时，应注意将白糖加热处理，一般加热到 70℃，只需 3 分钟螨虫就会死亡。

检查白糖中是否有螨虫的方法是，取少许白糖放在白纸上，借助 5 倍以上的放大镜观察，如发现食糖中有小点在移动，就是有螨虫了。

35. "催熟"果菜是否有害健康

"催熟剂"即植物激素，广泛用于瓜果蔬菜生产，是否有害于人体健康？这是人们担心疑虑的问题。目前，国内用于催熟瓜果蔬菜的植物激素主要有乙烯利和脱落酸。这类"催熟剂"的浓度都非常低，自身很容易分解、代谢，即使有微量在瓜果蔬菜蓄积，烹饪时也会被破坏。植物激素对瓜果蔬菜的品质、风味有影响。如"催熟"的瓜果蔬菜与自然成熟的相比，皮质果肉要硬，颜色不均匀，含糖量低，果汁水分少等。

近年来，人们常抱怨瓜果蔬菜越来越没有味，这主要是因为蔬菜的生长环境和栽培技术发生了变化。自然环境的污染、日照的减少、化肥和农药的大量使用、有机肥料渐被冷落等，都是导致瓜果蔬菜没味的原因。

专家们建议：瓜果蔬菜食用前，要多在清水中浸泡、洗涤，并尽量熟食。

36. 生活实用小窍门

（1）**巧用牙膏**：若有小面积皮肤损伤或烧伤、烫伤，抹上少许牙膏，可立即止血止痛，也可防止感染，疗效颇佳。

（2）**巧除纱窗油腻**：将洗衣粉、烟头一起放在水里，待溶解后拿来擦玻璃窗、纱窗，效果不错。

（3）巧炒虾仁：将虾仁放入碗内，加一点精盐、食用碱粉，用手抓搓一会儿后，再用清水洗净。这样能使炒出的虾仁透明，爽嫩可口。

（4）和饺子面的窍门：在0.5千克面粉里掺入6个蛋清和面，包的饺子起锅后收水快，不易粘连。

（5）巧用残茶叶：将残茶叶浸入水中数天后，浇在植物根部，可促进植物生长；把残茶叶晒干，放到厕所或沟渠里燃熏，可消除恶臭，具有驱除蚊蝇的功能。

（6）夹生饭重煮法：如果是米饭夹生，可用筷子在饭内扎些直通锅底的孔，洒入少许黄酒重焖。若只表面夹生，只要将表层翻到中间再焖即可。

（7）炒鸡蛋的窍门：将鸡蛋打入碗中，加入少许温水搅拌均匀，倒入油锅里炒，滴少许酒，这样炒出的鸡蛋蓬松、鲜嫩、可口。

（8）巧用"十三香"：炖肉时加陈皮，香味浓郁；吃牛羊肉加白芷，可除膻增鲜；自制香肠用肉桂，味道鲜美；熏肉熏鸡用丁香，回味无穷。

（9）面包能消除衣服油迹：用餐时衣服如果被油迹所染，可用新鲜白面包轻轻擦拭，油迹即可消除。

37.选择花盆的窍门

瓦盆排水、透气性好，搬动方便，但结构粗糙、颜色单一，多为黄褐色或黑灰色，不美观、不牢固。素陶盆透水、透气性好，结实耐用，以宜兴紫砂陶盆为上品，适宜栽培兰花、桩景等名贵花卉。瓷盆色彩鲜艳、光洁美观，但排水、通气性能差。釉盆外形美观、质地牢固，但排水、通气性不好，只适宜耐湿植物或大株花木。塑料盆适宜栽培吊兰、垂盆草等悬挂型花卉。浅盆高度不超过10厘米，适合播种、育苗、培植水仙花等。

38.给花浇水要注意方法

水质不好会导致花的死亡，浇花最理想的水源是雨水或没有污染的河

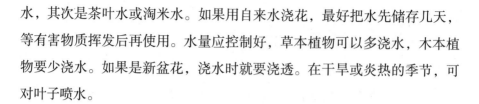

水，其次是茶叶水或淘米水。如果用自来水浇花，最好把水先储存几天，等有害物质挥发后再使用。水量应控制好，草本植物可以多浇水，木本植物要少浇水。如果是新盆花，浇水时就要浇透。在干旱或炎热的季节，可对叶子喷水。

39. 新买的盆花应换土

先准备一小铲的沙子和底肥，把沙子放在花盆的最底部，放入原有的花土，再撒上适量的花肥，然后浇透水，花肥中的养分就会渗入土壤中。将其放在避光处，1周后就可以放在阳光下了。

40. 盆花的修剪

（1）摘心：剪掉花卉植株的主茎或侧枝的顶梢，破除植株的顶端优势，促使其下部腋芽萌发，长出分枝，从而形成多花头和优美的株形。

（2）抹头：在春季新枝萌发之前将植株上部全部剪掉，如千年木、鹅掌柴、橡皮树、大王黛粉等大型花卉，植株过于高大很难在室内栽培，因此，需修剪或抹头。

（3）疏剪：包括疏剪枝条、叶片、蕾、花和不定芽等。当花卉植株生长过于旺盛，枝叶过密时就应疏剪。

41. 卧室放花的注意事项

晚上，最好不要在卧室内摆放花卉或者少放花卉，避免植物同人争夺氧气，长此以往会影响身体健康。有些花卉能净化空气，但也会对人产生负面影响，如月季花所散发出的浓郁香味会使人产生郁闷不适、憋气之感；杜鹃花、郁金香、百合花等植物能散发很敏感的气味。因此，在卧室内最好不要摆放这些花卉。

部分花卉不宜在卧室内摆放，比如，紫荆花的花粉会诱发哮喘症或使咳嗽症加重；含羞草所含的含羞草碱会引起人毛发脱落；夜来香夜间会散发刺激嗅觉的微粒，使高血压和心脏病患者感到头晕、胸闷。卧室内适合摆放大叶、阔叶植物。

42.家庭盆花养护窍门

（1）冬季：冬季花卉的吸收能力不强，施过多的氮肥会伤害根系，使枝叶变嫩，降低植株的抗寒、抗病能力，不利于越冬。适时将花卉放在能够照到阳光的地方。冬季易发真菌病害，应降低湿度，提高室温，提高植株的抗寒性。冬季花草浇水要注意一次不要浇太多，防止冻根、烂根现象。

（2）夏季：茉莉、月季、牡丹等应放置在阳光强、日照长的地方；菊花、扶桑、大丽花等应放在半阴处；杜鹃、君子兰、马蹄莲、文竹、兰花等怕高温、日晒，可放置于阴蔽度80%或有散射光的地方。一般气温30℃以上就会抑制花卉的生长，秋海棠的适宜温度是 16～21℃，仙客来的适宜温度是 15～20℃，过热会导致落叶、休眠、延迟开花。夏季花卉的蒸腾强度大，要求湿度高，需要多浇水，但忌中午浇水，而且水温必须接近土壤的温度。夏季是花卉生长旺盛期，必须注意"薄肥勤施"。宜在傍晚施肥，施前先松土，施后在次日清晨浇水。夏季花卉容易疯长，要及时修剪病枯枝和过

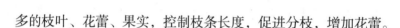

多的枝叶、花蕾、果实，控制枝条长度，促进分枝，增加花蕾。

（3）秋季：茉莉、扶桑、九里香等花卉喜光，秋天仍应放在阳光充足的地方，使植株充分接受光照。初秋的气温还较高，植株蒸腾量大，大部分花卉应 1～2 天浇一次透水。9 月中下旬开始控制浇水量，以免水多烂根；停止施肥，防止枝叶徒长，影响越冬。秋季病虫害高发，植株易受到介壳虫、红蜘蛛、蚜虫等的危害，加强防治。花卉都应在霜降前入室。

43. 厨房用具禁忌

（1）忌用铁锅煮绿豆：因绿豆中含有单宁，在高温条件下遇铁会变成黑色的单宁铁，使绿豆汤汁变黑，有特殊气味，不但影响食欲、味道，而且对人体有害。

（2）忌用不锈钢或铁锅熬中药：因中药含有多种生物碱和生物化学物质，在加热条件下会与不锈钢或铁发生多种化学反应，使药物失效，甚至产生一定毒性。

（3）忌用乌桕木或有异味的木料做菜板：乌桕木含有异味和有毒物质，用它做菜板不但污染菜肴，而且易引起呕吐、头昏、腹痛等症状。因此，民间通常用白果木、皂角木、桦木和柳木等制作菜板。

（4）忌用油漆或雕刻的竹筷：涂在筷子上的油漆含铅、苯等化学物质，对人的健康有害。雕刻的竹筷看似漂亮，但易藏污纳垢，滋生细菌，不易清洁。

（5）忌用各类花色瓷器盛佐料：佐料最好用玻璃器皿盛装。花色瓷器含铅、苯等致病、致癌物质，随着花色瓷器的老化和衰变而渗透出来，对人体产生危害。

44. 有些东西着火不能用水扑灭

（1）高压电器设备失火：高压电器设备失火，在没有良好接地设备或没有切断电流的情况下，一般不能用水扑救。因为水有导电性，易造成电器设备短路烧毁，发生人员触电事故。

（2）电脑、电视机着火：电脑、电视机着火应马上拔下电源，使用干粉或二氧化碳灭火器扑救，或迅速用湿地毯或棉被等盖住电脑。切勿向失火电脑泼水，易发生爆炸。其他电器发生火灾时，首先要切断电源，在无法断电时千万不能用水和泡沫扑救，因为水和泡沫都能导电，要用二氧化碳、1211、干粉灭火器或者干沙土扑救，而且与电器设备和电线保持 2 米以上距离。

（3）油锅着火：油锅起火时，千万不能用水浇。因为水遇到热油会形成"炸锅"，使油火到处飞溅。迅速将切好的冷菜沿锅边倒入锅内，火就会自动熄灭。另一种方法是用锅盖或大块湿布盖到起火的油锅上，使燃烧的油火接触不到空气，缺氧熄灭。

（4）汽油着火：汽油的密度比水小，如果汽油着火用水扑救，密度大的水往下沉，轻质的汽油往上浮，浮在水面上的汽油仍会继续燃烧，并且扩大燃烧面积。遇到汽油着火，立即用泡沫、二氧化碳和干粉灭火器等灭火，严禁用水扑救。

（5）**油漆着火**：油漆起火千万不能用水浇，应用泡沫、干粉或1211灭火器具或沙土扑救。

（6）**化学危险物品着火**：在学校实验室常存放有一定量的硫酸、硝酸、盐酸、碱金属钾、钠、锂及易燃金属铝粉、镁粉等，这些物品遇水后极易发生反应或燃烧，是绝对不能用水扑救的。碳化钾、碳化钠、碳化铝和碳化钙、氢化镁等遇水能发生化学反应，放出大量热，可能引起爆炸。

五、饮茶有道

1. 中国茶文化的源远流长

中国茶文化是制茶、饮茶的文化。作为开门七件事（柴米油盐酱醋茶）之一，饮茶在古代中国是非常普遍的。中华茶文化源远流长、博大精深，不但包含物质文化，还包含深厚的精神文化。唐代茶圣陆羽的《茶经》吹响了中华茶文化的号角，从此茶的精神渗入了宫廷和社会，融入了中国的诗词、绘画、书法、宗教、医学。

中国人饮茶，注重一个"品"字。"品茶"不但是鉴别茶的优劣，还带有神思遐想和领略饮茶情趣之意。在百忙之中泡上一壶浓茶，择雅静之处自斟自饮，可以消除疲劳、涤烦益思、振奋精神，也可以细啜慢饮，达到美的享受。品茶的环境一般由建筑物、园林、摆设、茶具等因素组成。

品茶追求安静、清新、舒适、干净。中国园林世界闻名，山水风景更是不可胜数。利用园林或自然山水间，用木头做亭子、凳子，搭设茶室，给人一种诗情画意的享受。

中国是文明古国、礼仪之邦，很重礼节。凡来了客人，沏茶、敬茶的礼仪是必不可少的。选用最适合来客口味的最佳茶具待客。主人在陪伴客人饮茶时，要注意客人杯、壶中的茶水残留量，一般用茶杯泡茶，如已喝去一半，就要添加开水，随喝随添，使茶水浓度基本保持前后一致，水温适宜。在饮茶时也可适当佐以茶食、糖果、菜肴等，达到调节口味的功效。

2. 从古到今的泡茶方法

从唐、宋、明、清到现代，中国人饮茶习惯有了很大变化。

（1）**唐代**：唐朝时的茶叶多加工成茶饼。唐朝人不"饮茶"，而是"吃茶"。

将茶饼用火炙烤。

将烤茶饼放入铜制茶碾，碾成颗粒。

用茶罗筛茶粒，取细末。

为了改善茶叶苦涩味，常加入薄荷、盐、红枣或姜片调味，并多外加龙脑等香料。将细茶末连同上列材料调和成酱，然后配合食物食用。

（2）**宋代**："茶兴于唐而盛于宋"，在宋代，茶品越来越丰富，饮茶也日益考究，开始重视茶叶本身的色、香、味，调味品逐渐减少。此时，出现了用蒸青法制成的散茶，烹饮的程序也大为简化。

（3）**明代**：到了明代，饼茶、团茶较少见了，多以喝散茶为主，由煎茶向冲泡转变。

（4）**清代**：到了清代，茶与人们的日常生活紧密结合，城市的茶馆逐步兴起，成为各个社会阶层的活动场所，并融合了茶与曲艺、诗会、戏剧、灯谜等民间文化活动。普通人家也常以茶水招待客人。

（5）**现代**：根据不同场合的特殊礼仪，中国茶有着不同的泡法。例如，绿茶比乌龙茶和红茶更加清淡可口，需要用80℃的水冲泡。

以下的步骤是较为普遍使用的一种泡茶方式，亦被视为泡茶艺术，要比吃饭时配点心喝茶的泡制过程更加正式。这种泡法经常用来泡红茶和乌龙茶。

烧开水。

用热水将茶壶洗干净。

把洗干净的茶杯倒入开水温杯。

把茶叶填进茶壶，大约到茶壶内壁的1/3处。

灌半壶热水冲洗茶叶，立刻倒掉水，使茶壶里只剩茶叶。

再往茶壶里倒热水，直到水溢出到大容器里。茶壶里的水中不应该有气泡。这次浸泡最好不要超过30秒（越是名贵的绿茶就越嫩，要把水烧开后冷到80℃才泡茶）。

把泡好的茶水在1分钟内倒入杯中饮用，在倒茶时要不断转动茶壶，倒的每杯茶都应该有同样的色、香、味。托盘的用途是接住这一步溢出的水。

在泡了一次的茶水饮用完后，加入水再次冲泡，继续饮用。一份茶叶可以泡 4 ~ 5 壶茶水，后面的几次应该略微多泡一会，以尽可能泡出香味。第二次多泡 10 ~ 40 秒，第三次大约泡 45 秒，以此类推。

很多人不仅喜爱茶的味道，而且享受泡茶过程的乐趣。很多人喜欢与别人一起喝茶，不只为分享美茶，还为了体验和别人在一起的安逸心情。

3. 茶具的分类

茶具，古代亦称茶器或茗器，不单是指茶壶、茶杯，被认为对茶的品质有着莫大影响。明太祖第十七子朱权所著的《茶谱》中列出 10 种茶具，这还是比较少的了，如茶炉、茶灶、茶磨、茶碾、茶罗、茶架、茶匙、茶筅、茶瓯、茶瓶等。最早的茶壶使用金、银、玉等材料制成。唐宋以来，由于陶瓷工艺的兴起，逐渐被铜和陶瓷茶具代替。铜茶具相对金玉来说，价格更便宜，煮水性能更好。陶瓷茶具盛茶能保持香气，价格相对较低，所以容易推广，受到大众喜爱。陕西省扶风县法门寺博物馆保存着一套完整的

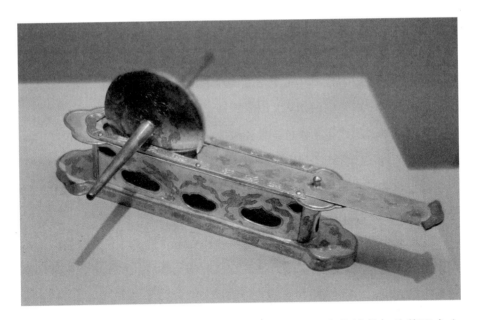

唐朝皇帝用的纯银茶具。宋代湖南长沙出产的茶具十分精美，价值以白金计算。赵南仲曾出黄金千两定制一副茶具献给皇上。明代供春、时大彬手制的紫砂壶，更成为昂贵的艺术品。

（1）按照使用类型分类。

茶壶：是冲泡茶叶的盛具。

品饮杯：包括茶盏、茶碗、闻香杯，是直接品饮茶汤的器具。闻香杯是用于品鉴茶汤香气的杯子。

茶盘：是盛放茶壶、茶杯、茶道组的浅底器皿。金木竹陶制作皆可，以金属茶盘最为简便耐用，以竹木茶盘最为清雅相宜。

茶道：指茶道六君子，即茶夹、茶勺、茶拨、茶漏、茶针、茶瓶。茶道以木质多用。

茗炉：指烧水的器具，现代常用电水壶。

盖碗：是一种上有盖，下有托，中有碗的茶具，也称"三才碗"。

盖杯：是上有盖，杯身有把的茶具。同心杯还具有滤茶杯心。

杂件：主要用于茶艺表演的茶器，包括公道杯、茶巾、夹子、网架、漏斗、茶托、茶洗、茶叶罐、香炉、茶荷等。

（2）**按照茶具材质分类。**

①瓷器茶具：包括青瓷、白瓷、黑瓷、彩瓷等茶具。

青瓷茶具：以宋代浙江龙泉哥窑青瓷茶具最负盛名。

白瓷茶具：白瓷色白如玉，以景德镇白瓷为最优。

黑瓷茶具：宋代斗茶盛行，黑瓷最能衬托茶色。

彩瓷茶具：以青花瓷最引人注目。

②竹木茶具：竹木茶具自然雅致，取竹木"清寂谦恭、直而有节"的文化精神，历来为中国文人所推崇。

③玻璃茶具：玻璃茶具质地通透，色彩光洁，形态各异，因而作为茶具应用广泛。用玻璃茶具泡茶，茶汤颜色鲜艳，茶叶的形态可鉴可赏；缺点是传热太快，不耐冷热。

④陶器茶具：首推宜兴紫砂茶具。陶器茶具胎质致密，既不渗漏，又有细小的气孔，经久耐用，还能蕴蓄茶味，热天盛茶不易酸馊，冷热温差大也不会破裂。

⑤金属茶具：主要以金、银、铜、铁、锡等金属制作的茶具。尤其是锡制茶具，能防潮防异味，耐氧化。

4. 喝茶时茶具的选择

绿茶：以玻璃茶具为宜。

黄茶：以瓷器茶具为宜。

白茶：以瓷器茶具为宜。

乌龙茶：以紫砂茶具或瓷器茶具为宜。

红茶：以白瓷茶具为宜。

普洱茶：以瓷器茶具或紫砂茶具为宜。

5. 紫砂壶的挑选

（1）**看色彩：**宜兴紫砂壶除了以紫红色为主外，还有绿、黄、黑等颜色，可以说色无相类、品无相同。非宜兴紫砂壶颜色则单一、刻板，缺少变化。

宜兴紫砂壶色彩丰富，除了比较多的栗紫色以外，还有红紫、褐紫、黛紫等。紫砂茶具不能过于鲜艳，鲜艳的泥料多是添加了化学原料。天然的紫砂泥素有"五色土"之称，就是因为紫砂土本身含有大量的金属成分。

（2）观品相：紫砂壶造型丰富，素有"方非一式，圆不一相"之称。如何评价紫砂壶多变的造型，也是仁者见仁、智者见智。古拙为最佳，大气清秀次之。紫砂壶是茶文化的组成部分，它追求的意境，即"淡泊和平，超世脱俗"，而古拙与这种气氛最为融洽。

（3）摸质感：话说名家的紫砂壶与其他紫砂壶相比，一个显著的特点就是手感不同，摸紫砂物件就如手摸豆沙，细而不腻。因此，一把紫砂壶表面的手感尤为重要。名家紫砂壶是实用功能很强的艺术品，需要不断抚摸其表层，让手感舒服。

（4）听声音：宜兴紫砂壶经人工制作，泥坯经过多次捶击、整压，再经多道工序，上面制作者的手指印纹可谓上千万，烧成后敲击的声音比较清脆。紫砂壶的敲击声音要结合很多因素，与胎的新老、厚薄都有直接关系。

（5）看内部：紫砂茶具经过多道工序，已经很难看出手工痕迹，但细心

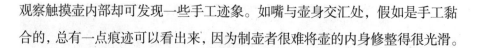

观察触摸壶内部却可发现一些手工迹象。如嘴与壶身交汇处，假如是手工黏合的，总有一点痕迹可以看出来，因为制壶者很难将壶的内身修整得很光滑。

6. 茶具要怎样保养

一般很多人都会用钢丝球（清洁球）或是丝瓜等来刷洗，清洗效果好，但很容易伤到茶具表面的釉质。最好的清洗方法是：在每次喝完茶后，记得把茶叶倒掉，茶具用水清洗干净。能够长期保持这种良好习惯，则什么清洗工具都不用，茶具依然能够保持明亮的光泽。

7. 茶的品种

中国茶的品种丰富，有潮州凤凰单枞茶、太湖的熏豆茶、苏州的香味茶、湖南的姜盐茶、成都的盖碗茶、台湾的冻顶茶、杭州的龙井茶、福建的乌龙茶等。主要有绿茶、红茶、乌龙茶（青茶）、白茶、黄茶、黑茶等种类。

（1）绿茶类。

毛尖：产于河南信阳，俗称"绿茶之王"。

龙井：产于浙江省杭州地名，也是泉名。此地出产的茶亦用此名。

碧螺春：产于江苏省苏州市洞庭山。茶叶采于春季，制成品紧密缠绕，呈螺旋状。相传康熙年间，洞庭山少女采茶，不带筐子，把茶叶放在乳间，茶得体温而生奇香，名为"吓杀人"茶。清康熙皇帝南巡太湖，喜爱这茶的清香，但认为"吓杀人"不雅，又因为茶叶呈螺旋状，康熙皇帝赐名碧螺春。碧螺春成为清代贡茶。

毛峰：产于安徽省黄山。

剑毫：产于安徽省潜山县天柱山（大别山区）。

猴魁：产于安徽省太平县。

瓜片：产于安徽省六安市。

珠茶：产于浙江平水。

青顶：产于浙江临安天目山。

白云茶：产于浙江雁荡山。

银毫茶：产于湖南百叠岭。

（2）红茶类。

川红：产于四川省宜宾等地，具备紧细圆直、毫锋披露、色泽乌润、质香味浓的优良品质。

祁门红茶：简称祁红，产于安徽省祁门。

滇红：云南红茶，简称滇红。

信阳红：产于河南信阳。

北苑贡茶：产于福建省建瓯市。

（3）乌龙茶类。

铁观音、黄金桂、毛蟹、本山：产于福建省安溪。

冻顶乌龙：产于台湾冻顶山。

大红袍：产于福建省武夷山。

单枞：产于广东省潮州市凤凰镇凤凰山。

（4）黄茶类。

蒙顶黄芽：芽条匀整，扁平挺直，色泽黄润，金毫显露；汤色黄中透碧，

甜香鲜嫩，甘醇鲜爽。为黄茶之极品。

君山银针：产于湖南洞庭湖君山岛。

（5）**白茶类**：产于福建福鼎。松溪白茶，产于福建松溪县。

（6）**黑茶类**：产于湖南安化。

（7）**普洱茶类**：分为生普和熟普，产于云南。

8. 新茶贮存诀窍

即使是上等的新茶叶，如果存放不当，时间长了品质也会下降，甚至变味而不能饮用。下面介绍一些贮存新茶的诀窍，你不妨试试。

（1）**生石灰贮存法**：选用干燥、封闭的陶瓷坛，放置在干燥、阴凉处。将茶叶用薄牛皮纸包好、扎紧，分层环排于坛的四周。再把适量生石灰装入布袋，放于茶包中间，装满后密封坛口。灰袋最好每隔1～2个月换一次，这样可使茶叶久存而不变质。

（2）**木炭贮存法**：取木炭1千克装入小布袋内，放入瓦坛或小口铁箱的底部。然后将包装好的茶叶分层排列其上，直至装满，再密封坛口。装木炭的布袋一般每个月更换一次。

（3）**暖水瓶贮存法**：将茶叶装进新买回的暖水瓶中，然后用白蜡封口并裹以胶布。此法最适用于家庭保管茶叶。

（4）**冷藏贮存法**：将含水量6%以下的新茶装进铁或木制的茶罐，罐口用胶布密封好，外面再裹上塑料薄膜，放入电冰箱内长期冷藏，温度保持在5℃，效果较好。

9. 爱喝茶勤洗杯

有些常喝茶的人，喜欢茶杯里积有一层厚厚的"茶垢"，认为用有茶垢的茶具冲泡茶叶才更有味道，其实茶垢对人体健康是极为不利的。科学研究表明，茶水会迅速氧化生出褐色茶锈，含有铅、汞、砷等多种有害金属。没有喝完或存放较长时间的茶水，暴露在空气中，茶叶中的茶多酚与茶锈中的金属物质发生氧化作用，便会生成茶垢并粘附在茶具内壁，而且越积越厚。茶垢进入饮茶者的消化系统，易与食物中的蛋白质、脂肪酸和维生素等结合生成多种有害物质，影响人体对食物营养素的吸收与消化，使内脏受到损害。

因此，勤喝茶也应勤洗杯。对于茶垢沉积已久的茶杯，用牙膏反复擦洗便可除净；对于积有茶垢的茶壶，用米醋加热或用小苏打浸泡一昼夜后，再摇晃着反复冲洗，便可清洗干净。

10. 喝茶不当能醉人

适当饮些茶，对人的身体是有好处的。茶叶中含有多种维生素和氨基酸，具有解油除腻、兴奋神经、消食利尿、生津止渴的作用。但是，如果饮茶不当，不但对身体无益，而且可能醉人伤身。如果空腹或平时以素食为主，较少吃脂肪食物的人饮大量浓茶，或平时没有饮茶习惯的人偶然饮大量浓茶，都容易引起"醉茶"。人茶醉后的症状是心慌、头晕、四肢无力或站立不稳，同时伴有饥饿感。马上吃些食物或糖果，可以起到解醉的作用。

（1）饮茶以每日 1～2 次，每次 2～3 克比较适宜，不宜空腹、服药时或睡前饮浓茶。

（2）有些人不宜饮茶。如营养不良的人，婴幼儿，神经衰弱、失眠、甲状腺功能亢进、结核等慢性患者，发热患者，胃、十二指肠溃疡患者，心脏病患者，哺乳期、怀孕妇女。

（3）少饮新茶。新茶由于贮存期短，茶中未经氧化的多酚类物质含量较高，醛类、醇类也较多，这些物质对人的胃肠黏膜有较强的刺激作用，容易出现胃痛、腹胀等症状。新茶中还含有较多活性较强的鞣酸、咖啡因、生物碱等物质，易使人"醉茶"。为此，新茶上市时不宜多饮，应贮放一段时间后再饮。

11. 哪些人不宜饮茶

（1）患有便秘的人不宜饮茶。因为茶叶的多酚类物质对肠胃黏膜具有一定的收敛作用，因此，会加重便秘。

（2）患有神经衰弱或失眠症的人不宜饮茶。由于茶叶中的咖啡因对大脑皮质有着明显的兴奋作用，故此类人不宜饮用。

（3）患有缺铁性贫血的人不宜饮茶。因为茶叶中的鞣酸会使食物中的铁形成不被人体吸收的沉淀物，加重贫血。

（4）患有缺钙或骨折的人不宜饮茶。因为茶叶中的生物碱类物质会抑制十二指肠对钙质的吸收，导致缺钙和骨质疏松，使骨折难以康复。

（5）患有溃疡病的人不宜饮茶。因为茶叶中的茶碱会降低磷酸二酯酶的活性，使胃壁细胞分泌大量胃酸，影响溃疡面的愈合，同时也会抵消某些抗酸药物的疗效。

（6）患有泌尿系统结石的人不宜饮茶。因为茶叶中含有较多的草酸，会加重结石的发展。

（7）人发热时不宜饮茶。因为茶叶中所含的茶碱能使人体温升高，使药物的降温作用大减，以至消失。

12. 饮茶四季有别

（1）春饮花茶：在春天人们普遍感到困倦乏力，即"春困"现象。

花茶甘凉兼具芳香辛散之气，有利于散发积聚在人体内的冬季寒邪，促进阳气生发，令人神清气爽，可使"春困"消失。

花茶是将茶叶和鲜花拌和窨制而成的，"花引茶香，相得益彰"，以茉莉花茶最为有名。高档花茶的泡饮，应选用透明玻璃盖杯，取花茶3克，放入杯里，用初沸开水稍凉至90℃左右冲泡，随即盖上杯盖，以防香气散失。2～3分钟后即可品饮，顿觉芬芳扑鼻，令人心旷神怡。

（2）夏饮绿茶：绿茶属未发酵茶，性寒，"寒可清热"，最能去火、生津止渴、消食化痰，对口腔和轻度胃溃疡有加速愈合的作用。绿茶冲泡后水色清冽、香气清幽，夏日常饮有清热解暑、强身益体的功效。

绿茶中的珍品，有浙江杭州狮峰龙井、江苏太湖碧螺春、安徽黄山毛峰等。一般取90℃开水冲泡绿茶。高级绿茶和细嫩的名茶，芽叶细嫩，多为低沸点的清香型，用80℃开水冲泡即可。冲泡时不必盖上杯盖，以免产生热闷气，影响茶汤的鲜爽度。

（3）秋饮青茶：秋天气候干燥，令人口干舌燥，中医称为"秋燥"，秋季宜饮用青茶。青茶，又称乌龙茶，属半发酵茶，介于绿茶、红茶之间。乌龙茶色泽青褐，冲泡后可看到叶片中间呈青色，叶缘呈红色，素有"青叶镶边"美称。既有绿茶的清香和天然花香，又有红茶醇厚的滋味，不寒不热，温热适中，可润肤、润喉、生津、清除体内积热，以解"秋燥"。

常见的乌龙茶名品，有福建乌龙、广东乌龙、台湾乌龙，以闽北武夷岩茶、闽南安溪铁观音等。乌龙茶多以茶树品种分类，有铁观音、奇兰、水仙、桃仁、毛蟹等。乌龙茶习惯浓饮，注重品味闻香，冲泡需用100℃沸水。冲泡片刻即香气浓郁，齿颊留香。

（4）冬饮红茶：冬天喝茶以红茶为上品。红茶甘温，可养人体阳气。红茶含有丰富的蛋白质和糖，生热暖腹，能增强人体的抗寒能力，还可助消化、去油腻。红茶经过充分发酵，使茶鞣质氧化，故又称全发酵茶。红茶具有红色的氧化聚合产物——茶黄素、茶红素、茶褐素，溶于水后即成红色茶汤。

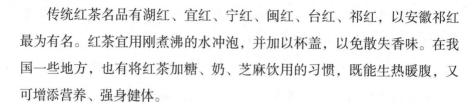

传统红茶名品有湖红、宜红、宁红、闽红、台红、祁红，以安徽祁红最为有名。红茶宜用刚煮沸的水冲泡，并加以杯盖，以免散失香味。在我国一些地方，也有将红茶加糖、奶、芝麻饮用的习惯，既能生热暖腹，又可增添营养、强身健体。

13. 防暑降温有药茶

民间谚语说："大暑、小暑，有食懒煮。"这说明了天气炎热对人体的影响。现介绍几款防暑茶，供选用。

（1）绿豆酸梅茶：绿豆 100 克，酸梅 30 克，白糖适量（后下），水煎，待凉后代茶饮。该茶有清凉解毒、生津止渴的作用。

（2）苦瓜茶：将鲜苦瓜切断去瓤，纳入茶叶接合，悬挂于通风处阴干。将外部擦洗干净，连同茶叶切碎、混匀。每天取 10 克放入保温瓶内，沸水冲泡，代茶饮，能消暑、明目、解毒、祛湿。

（3）消暑解毒茶：金银花、连翘、鲜竹叶各 10 克，煎水代茶饮，具有祛暑、清热、解毒的功效。

（4）消暑明目茶：取白菊花、决明子、槐花各 10 克，煎水代茶饮，能清热解毒、降血压、明目提神。

（5）二子茶：枸杞子 10 克，五味子 3 克，沸水冲泡代茶饮，有生津止渴、益气补阴的作用，湿热者不宜饮用。

（6）消暑祛湿茶：金银花、绿豆衣各 10 克，薄荷 6 克，煎水代茶，具有消暑、利湿生津的功效。

（7）清心祛暑茶：取鲜竹叶心、莲子心、麦冬、鲜佩兰各 6 克，煎水代茶凉饮，有清心除烦、解暑、醒脾胃、助消化的功效。

六、品酒知香

1. 酒文化的起源

酒文化是指酒在生产、销售、消费过程中所产生的物质文化和精神文化总称。酒文化包括酒的制法、品法、作用、历史等。

酒文化在中国源远流长，不少文人学士写下了品评鉴赏美酒佳酿的著述，留下了斗酒、写诗、作画、养生、宴会、饯行等佳话。酒作为一种特殊的文化载体，在人类交往中占有独特的地位。酒文化已经渗透到人类社会生活中的各个领域，对人文生活、文学艺术、医疗卫生、工农业生产、政治经济等方面都有着巨大影响和作用。中国酒，形态万千，色泽纷呈，品种之多，产量之丰，堪称世界之冠。

（1）杜康造酒说：杜康"有饭不尽，委之空桑，郁绪成味，久蓄气芳，本出于代，不由奇方。"意思是说，杜康将未吃完的剩饭放置在桑园的树

洞里，剩饭在树洞中发酵，有芳香气味传出。这就是酒的做法，杜康就是酿祖。

（2）**尧帝造酒说**：尧作为上古五帝，带领民众同甘共苦，发展农业，妥善处理各类政务，受到百姓的拥戴。尧为感谢上苍并祈福未来，精选最好的粮食，用潭水浸泡，去除所有杂质，淬取出精华合酿祈福之水。此水清澈纯净、清香悠长，以敬上苍，并分发于百姓，共庆安康。百姓感恩于尧，将祈福之水取名曰"华尧"，即最早的酒。

2.酒的常识

（1）**酒的成分**：根据现代科学测定，酒液中酒精含量越高，有害成分也就越高。如蒸馏酒和发酵酒比较，有害成分主要存在于蒸馏酒中，而发酵酒中相对较少。高度的蒸馏酒中除含有较高的乙醇外，还含有杂醇油（包括升戊醇、戊醇、异丁醇、丙醇等）、醛类（包括甲醛、乙醛、糖醛等）、甲醇、氢氧酸、铅、黄曲霉毒素等多种有害成分。人长期或过量饮用这种有害成分含量高的劣质酒，就会中毒。轻者会出现头晕、头痛、胃病、咳嗽、胸痛、恶心、呕吐、视力模糊等症状，严重的则会出现呼吸困难、昏迷，甚至死亡。低度的发酵酒、配制酒，如黄酒、果露酒、药酒等中所含的有害成分极少，却富含糖、有机酸、氨基酸、甘酒、糊精、维生素等多种营养成分。

古人认为，黄酒、葡萄酒、桂花酒、菊花酒、椒酒等有利于延年益寿，后来才发展到白酒、药酒。发酵而成的黄酒是中国最古老的酒之一，含有丰富的氨基酸、多种糖类、有机酸、维生素等，发热量较高。绍兴黄酒从春秋战国盛行至今，甚至成为宫廷和国宴用酒。葡萄酒含有较多的糖分和矿物质，以及多种氨基酸、柠檬酸、维生素等营养成分。

（2）**酒的吸收**：酒精可直接被人的肠胃吸收，迅速扩散到全身。酒精先被血液带到肝脏，在肝脏过滤后，到达心脏，再到肺，从肺又返回到心脏，然后通过主动脉到静脉，再到达大脑和高级神经中枢。酒精对大脑和神经中枢的影响最大。人体本身也能合成少量的酒精，正常人的血液中含有 0.003% 酒精。血液中酒精致死剂量是 0.7%。

（3）酒的度数：酒的度数表示含乙醇的体积百分比，通常是以 20℃ 时的体积比表示的，如 50 度的酒，表示在 100 毫升酒中含有乙醇 50 毫升。酒精含量也可以用重量比表示，重量比和体积比可以换算。西方国家常用 proof 表示酒精含量，规定 200proof 为酒精含量为 100% 的酒，100proof 的酒则是含酒精 50%。

啤酒的度数则不表示乙醇的含量，而是表示啤酒生产原料麦芽汁的浓度，以 12 度的啤酒为例，表示麦芽汁发酵前浸出物的浓度为 12%（重量比）。麦芽汁是多种成分的混合物，以麦芽糖为主。啤酒的酒精是由麦芽糖转化而来的，酒精度低于 12 度。如常见浅色啤酒的酒精含量为 3.3% ~ 3.8%。

（4）干酒和甜酒：葡萄酒和黄酒，常分为干型酒和甜型酒，在酿酒业中，用"干"（dry）表示酒中含糖量低，糖分大部分都转化成了酒精。还有一种"半干酒"，所含的糖分比"干"酒较高些。甜，说明酒中含糖分高，酒中的糖分没有全部转化成酒精。此外，还有半甜酒、浓甜酒。

（5）饮酒的规则：葡萄酒，一般是在餐桌上饮用的，故常称为佐餐

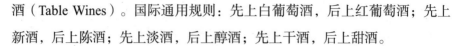

酒（Table Wines）。国际通用规则：先上白葡萄酒，后上红葡萄酒；先上新酒，后上陈酒；先上淡酒，后上醇酒；先上干酒，后上甜酒。

（6）饮酒的最佳温度：黄酒，适当加温后饮用，口味倍佳。古代用注子和注碗，注子中盛酒后，放在注入热水的注碗中。近代以来，用锡制酒壶盛酒，放在锅内温酒，一般为 45 ~ 50℃。

白酒，一般是在室温下饮用，但稍稍加温后再饮，口味较为柔和，香气也浓郁。主要原因是，在较高的温度下，酒中的低沸点成分，如乙醛、甲醇等较易挥发，这些成分通常口味比较辛辣。

3. 喝酒的好习惯

（1）温酒而喝：古人饮酒多温热了喝。商周时期的温酒器皿等，便是有力的证明。元人贾铭说："凡饮酒宜温，不宜热"，但喝冷酒也不好，认为"饮冷酒成手战（即颤抖）。"因为酒中除乙醇外，还含有甲醇、杂醇油、糠醛、丁醛、戊醛、乙醛、铅等有害物质。酒用沸水或酒精火加热，有害成分就会少许多，对人体的损害也就少些。当然，酒的加热温度也不能太高，酒过热饮用，一是伤身体，二是乙醇挥发太多，再好的酒也没味了。

（2）饮必小咽：我们许多人饮酒常干杯，感觉干杯才痛快、豪爽，其实这是不科学的。正确的饮法应该是轻酌慢饮。吃饭、饮酒都应慢慢地来，这样才能品出味道，也有助于消化，不至于给脾胃造成负担。

（3）勿混饮：酒不宜混饮，不同的酒中除都含有乙醇外，还含有其他成分，不宜混杂。如多种酒混饮，会产生一些新的有害成分，使人感觉胃不舒服、头痛等。另外，因为药酒含有多种草药成分，也不宜用作饮宴用酒。

（4）空腹勿饮：中国有句古语叫"空腹盛怒，切勿饮酒"，认为饮酒必佐佳肴。唐孙思邈《千金食治》中也提醒人们忌空腹饮酒。因为酒进入人体后，乙醇是靠肝脏分解的，又需要多种维生素来辅助。如果胃肠空无食物，乙醇最易被迅速吸收，造成肝脏受损。因此，饮酒时应佐以营养价值比较高的菜肴、水果，这也是饮酒养生的一个窍门。

（5）勿强饮：饮酒时不能强逼硬劝别人，自己也不能赌气争胜，不能喝硬要往肚里灌。

（6）酒后不宜喝茶：自古以来，不少饮酒之人常常喜欢酒后喝茶，以为喝茶可以解酒。其实则不然，酒后喝茶对身体极为有害，有损肝脏。据养生之道，酒后宜用水果解酒，或以甘蔗与白萝卜熬汤解酒。

4. 饮酒的学问

饮酒是一种境界颇高的艺术享受，有许多学问。特别是在古代，人们不仅注重酒的质量和强调节制饮酒，还十分讲究饮酒的环境和方法，如什么时候能饮，什么时候不宜饮，在什么地方饮酒，饮什么酒，如何饮酒等。

饮人：高雅、衰侠、直率、忘机、知己、故交、玉人、可儿。

饮地：花下、竹林、高间、画舫、幽馆、曲石间、平畴、荷亭。春饮宜庭，夏饮宜效，秋饮宜舟，冬饮宜室，夜饮宜月。

饮候：春效、花时、情秋、瓣绿、寸雾、积雪、新月、晚凉。

饮趣：清淡、妙今、联吟、焚香、传花、度曲、返棹、围炉。

饮禁：华诞、座宵、苦劝、争执、避酒、恶谵、唷秽、佯醉。

饮阑：散步、歌枕、踞石、分匏、垂钓、岸岸、煮泉、投壶。

5. 中国十大名酒

中国十大名酒，是指茅台、五粮液、剑南春、泸州老窖特曲、西凤酒、汾酒、古井贡酒、董酒、洋河大曲、郎酒等品牌。中国名酒为国家评定的质量最高的白酒。第一届全国评酒会评比出的中国四大名白酒，是茅台、汾酒、泸州老窖特曲、西凤酒。国内曾先后五次进行白酒国际级评比，汾酒、茅台、五粮液等被评为中国名酒。

（1）茅台酒：茅台酒历史悠久、源远流长。茅台酒系以优质高粱为原料，用小麦制成高温曲，而用曲量多于原料。用曲多，发酵期长，多次

发酵，多次取酒等独特工艺，是茅台酒风格独特、品质优异的重要原因。酿制茅台酒要经过两次加生沙（生粮）、八次发酵、九次蒸馏，生产周期长达八九个月；再陈贮 3 年以上，勾兑调配；然后再贮存一年，使酒质更加醇香，绵软柔和，方准装瓶出厂，全部生产过程近 5 年之久。

　　茅台酒是风格最完美的酱香型大曲酒，又称"茅香型"。其酒质晶亮透明，微有黄色，酱香突出，丰满醇厚，令人陶醉。茅台酒液具有纯净透明、醇馥幽郁的特点，由酱香、窖底香、醇甜三大特殊风味融合而成，现已知香气含有多达 300 余种成分。

　　（2）五粮液："天下三千年，五粮成玉液"。五粮液酒是浓香型大曲酒，采用传统工艺，精选优质高粱、糯米、大米、小麦和玉米 5 种粮食酿制而成，具有"香气悠久、味醇厚、入口甘美、入喉净爽、各味谐调、恰到好处"的独特风格。

　　五粮液酒历次蝉联"国家名酒"金奖，1991 年被评为中国"十大驰名商标"，1995 年又获巴拿马国际贸易博览会酒类唯一金奖。至此，五粮液酒共获国际金奖 32 枚。

（3）**洋河大曲**：洋河大曲已有 400 多年历史。该酒属浓香型大曲酒，系以优质高粱为原料，以小麦、大麦、豌豆制作的高温火曲为发酵剂，辅以"美人泉"水精工酿制而成。沿用传统工艺"老五甑续渣法"，同时采用"人工培养老窖，低温缓慢发酵"、"中途回沙，慢火蒸馏"、"分等贮存、精心勾兑"等新工艺和新技术，形成了"甜、绵、软、净、香"的独特风格。

（4）**泸州老窖特曲**：泸州老窖特曲是浓香型白酒。泸州老窖窖池于 1996 年被国务院确定为我国白酒行业唯一的全国重点保护文物，誉为"国宝窖池"。

泸州老窖特曲的主要原料是当地的优质糯高粱，用小麦制曲，大曲有特殊的质量标准，酿造使用龙泉井水和沱江水，酿造工艺是传统的混蒸连续发酵法。蒸馏得酒后，再用"麻坛"贮存一二年，最后通过细致的评尝和勾兑，达到固定的标准，方能出厂，保证了泸州老窖特曲的品质和独特风格。

该酒无色透明，窖香浓郁，清洌甘爽，回味悠长，具有浓香、醇和、味甜、回味长的四大特色，有 38 度、52 度、60 度 3 种特曲。

（5）**汾酒**：山西汾酒是清香型白酒，素以入口绵、落口甜、饮后余香、回味悠长的特色著称。汾酒有着 4 000 年左右的悠久历史，1 500 年前的南北朝时期，汾酒作为宫廷御酒受到北齐武成帝的极力推崇，被载入《廿四史》，使汾酒一举成名；晚唐时期，大诗人杜牧一首《清明》诗吟出千古绝唱："借问酒家何处有？牧童遥指杏花村。"这是汾酒的二次成名（景在池州，酒在汾阳）；1915 年，汾酒在巴拿马万国博览会上荣获甲等金质大奖章，为国争光，成为中国酿酒行业的佼佼者。汾酒产于山西省汾阳市杏花村。汾酒的名字究竟起源于何时，尚待进一步考证，但早在 1 400 多年前，此地已有"汾清"这个酒名。唐时汾州产干酿酒，《酒名记》有"宋代汾州甘露堂最有名"，说的都是汾酒。当然 1 400 多年前我国尚没有蒸馏酒，史料所载的"汾清"、"干酿"等均系黄酒类。宋代炼丹技术的进

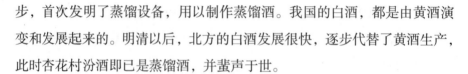
步，首次发明了蒸馏设备，用以制作蒸馏酒。我国的白酒，都是由黄酒演变和发展起来的。明清以后，北方的白酒发展很快，逐步代替了黄酒生产，此时杏花村汾酒即已是蒸馏酒，并蜚声于世。

（6）郎酒：郎酒产地二郎滩发源于云贵高原的赤水河，赤水河绵延1 000 余千米，流经二郎滩时却陡然降至 400 余米。千百年来，在郎酒生产基地一带形成了独特的微生物圈。科学工作者发现，在郎酒成品中的微生物多达 400 多种，催生了 110 多种芳香成分，自然形成了郎酒的独特味道。

位于郎酒厂部右侧约两千米处的蜈蚣崖半山腰间，悬挂着两个天然酒库——天宝洞、地宝洞，这就是储藏郎酒的所在。一般白酒的贮藏期最多为 1 年，而郎酒贮藏最少也在 3 年以上，藏之越久，酒中的有害物质越少，酒越香。天宝洞、地宝洞内冬暖夏凉，常年保持 19 度的恒温，可以使新酒醇化老熟更快，且酒的醇度和香气更佳。天然溶洞贮藏白酒，这在中国白酒生产厂家中是唯一的。在郎酒的"四宝"中，美境、郎泉和宝洞都是上天的馈赠，而精湛的酿制工艺，则是郎酒人世世代代苦心经营，不断总结前人经验，又推陈出新的结果。郎酒的整个酿制工艺，艰难曲折，精湛考究，有"高温制曲"、"两次投粮"、"凉堂堆积"、"回沙发酵"、"九次蒸酿"、"八次发酵"、"七次取酒"、"历年洞藏"和"盘勾勾兑"等环节。其中，郎酒生产的"回沙方式"是其他香型白酒厂家无法效仿的，也是所有白酒生产酿造周期最长的。

（7）古井贡酒：古井贡酒作为中国的老八大名酒之一，历史悠久，源远流长。公元 196 年，曹操将家乡亳州产的"九酝春酒"和酿造方法晋献给汉献帝刘协，自此古井贡酒成为皇室贡品。古井贡酒以"色清如水晶、香醇似幽兰、入口甘美醇和、回味经久不息"的独特风格，四次蝉联全国白酒评比金奖，是巴黎第十三届国际食品博览会上唯一获金奖的中国名酒。

（8）西凤酒：西凤酒产于凤翔县柳林镇，始于殷商，盛于唐宋，已有 3 000 多年的历史。据史载，此酒在唐代即以"醇香典雅、甘润挺爽、诸味协调、尾净悠长"列为珍品。苏轼任职凤翔时，酷爱此酒，曾有"柳林酒，东湖柳，妇人手（手工艺）"的诗句，传为佳话。

（9）董酒：董酒产于贵州省遵义市董酒厂，1929～1930年由程氏酿酒作坊酿出董公寺窖酒，1942年定名为"董酒"。1957年建立遵义董酒厂，1963年第一次被评为国家名酒，1979年后被评为国家名酒。董酒的董香型既不同于浓香型，又不同于酱香型，而属于其他香型。该酒的生产方法独特，是将大曲酒和小曲酒的生产工艺融合在一起，在中国名酒中独树一帜。

董酒无色，清澈透明，香气幽雅舒适，既有大曲酒的浓郁芳香，又有小曲酒的柔绵、醇和、回甜，还有淡雅舒适的药香和爽口的微酸味道，入口醇和、口味浓郁，饮后甘爽回长。

（10）剑南春：剑南春酒产于四川省绵竹县，因绵竹在唐代属剑南道，故称"剑南春"。四川的绵竹县素有"酒乡"之称，早在唐代就产名闻遐迩的名酒——"剑南烧春"，相传李白为喝此美酒，竟把皮袄卖掉，留下"解貂赎酒"的佳话。北宋苏轼称赞这种蜜酒"三日开瓮香满域"，"甘露微浊醍醐清"。

现今酒厂建于1951年4月。剑南春酒问世后，质量不断提高，在1979年第三次全国评酒会上，首次被评为国家名酒。

6. 国外名酒

当今人们喜欢把洋酒分为白兰地、威士忌、琴（金）酒、龙舌兰、伏特加、朗姆酒六大类。相比葡萄酒、啤酒、清酒、香槟等休闲淡酒，六大类洋酒浓度较高、烈度较大，是酒吧里调制鸡尾酒的主流基础成分。

（1）白兰地：白兰地（Brandy），源自荷兰，制作方法是将葡萄酒蒸馏浓缩，得到烈度和浓度更高的烧酒。今天所有以果酒为基底，加以蒸馏浓缩制成的酒，都可以称作白兰地，如苹果、樱桃白兰地等。从制作原料、工艺上来说，白兰地基于葡萄酒，是精华的精华，酒品高贵。古代荷兰人号称"海上马车夫"，从出海航行和装卸成本考虑，发明了白兰地这种蒸馏浓缩葡萄酒的方法。

白兰地的口感比较醇厚浓烈，入口时嗓子、鼻腔、喉都会感受一种比较大的气味，但是酒体很圆滑，入口很顺，而且也不上头，喝过以后整个人都很舒服。所以，喝白兰地一般是小口小口慢慢品尝。

（2）威士忌：威士忌（Whisky）源自英（苏格兰）美，是由谷物为原料制作的蒸馏酒，一些会在橡木桶中陈酿。因为英美有足够的土地种植谷物，所以威士忌也代表了当地农业生产的特色。

威士忌反映的是新大陆移民文化、商业文化，如果说白兰地代表的是贵，那么威士忌代表的就是富，很多商人、企业家、高管交际中，都是开一瓶威士忌两个人对饮。

威士忌一般用平底杯，加冰，喝威士忌的气氛没有喝白兰地那么雅致，状态是舒缓放松的，所以适合于有一点档次的社会交际场合饮用。

（3）金酒：金酒（Gin），也可称作琴酒、杜松子酒，源自欧洲（西班牙、英国、荷兰），是在以谷物为原料，经发酵与蒸馏制造的基底上，添加以杜松子为主的多种药材与香料调味后制成的蒸馏酒。

琴酒的口感清淡优雅，男女皆宜，人喝后感到温暖舒适，所以这款

酒的气质很像温文尔雅的知识分子，既没有贵族那么繁复沉重，又没有土豪那样高调炫富。一些人喝琴酒的时候，也会加入汤力水（Tonic，源于医用利尿剂），形成清爽清淡的口感，这种搭配也就是今天常见的金汤力。

如果新人去酒吧，担心贵，担心醉，担心不好定位，那么点琴酒是比较好的选择。

（4）伏特加（Vodka）：伏特加起源自斯拉夫国家，由水和经蒸馏净化的乙醇合成，并且再经过多重蒸馏，加入马铃薯、甜菜糖浆、黑麦或小麦及其他调味料制成。因为亚欧大陆北部气候寒冷，可以广泛种植土豆和小麦，所以这种酒的原料丰富，同时因为性烈，俄罗斯人和北欧人喝后可以起到御寒的作用。在卫国战争期间，斯大林命令为一线作战部队配备伏特加，军人饮酒御寒，提高了战斗士气。

因为文化和历史的原因，喝伏特加常用斯拉夫人的锡杯，或者军用水壶、搪瓷杯。

（5）龙舌兰：龙舌兰（Tequila）源自墨西哥，是使用当地特色作物龙舌兰草芯为原料制成的蒸馏酒。饮者常嗫一口盐，挤点柠檬，一口干，然后翩翩起舞，这也正好体现了拉美风情。因为龙舌兰活跃奔放，所以很适合性格比较开放的年轻人，也代表着当今的流行文化。

（6）朗姆酒：朗姆酒（Rum）源自加勒比地区，该地区日照充足，盛产甘蔗，所以西班牙殖民者和海盗用成本低廉的甘蔗汁为原料，发酵蒸馏制成这种酒。朗姆酒成本低廉，即卖即售，所以为常年在海上艰苦环境中生活的水手和海盗青睐。

朗姆酒口味浓烈、辛辣刺喉，非常有利于暴雨浓雾中值班的水手提神取暖；后劲大，有助于作战时壮胆；如果加入柠檬长期饮用，可以活血化瘀，防止维生素 C 缺乏病；朗姆酒可以长期放置，还是很好的消毒剂，放入船上储存的淡水中可以消毒杀菌。朗姆酒一度是海盗和水手的硬通货，船长发军饷和工资的时候，甚至用朗姆酒充作货币。

朗姆因为便宜浓烈，配合糖浆、柠檬、薄荷、可乐等甜性饮料口味更加出色，所以调制出的名酒很多，比如"自由古巴"。

此外，还有香槟、马蒂尼、卡瓦等非常具有地域特色的洋酒。

七、健身运动

1. 锻炼与吃饭的间隔

人锻炼时，血液多集中在肢体肌肉与呼吸系统等处，消化器官的血液较少，消化吸收能力较差，而且消化功能恢复至正常水平需要一段时间。因此，人锻炼后马上吃饭容易造成消化不良，也会影响营养成分的吸收。运动与进餐应有一定的间隔。人饥饿时不宜运动，无法为运动提供足够的能量。人每次进餐后不宜马上运动，因为运动会加重胃部的负担，通常应在进餐1小时后再做运动。

2. 运动中如何补水

人口渴反映体内需要补充水分，因为人在感到口渴时，身体已经处于

轻度脱水状态，而且脱水量已达到体重的 2% 左右。

通常情况下，人在运动前、中、后都应该补水，但不可大量饮水，每次应喝两三口，不可一口气喝一瓶，否则，会使胃部膨胀，引起腹部不适，还会妨碍膈肌运动，影响正常呼吸。更重要的是，人体水分吸收后会反射性地引起汗液分泌加强，流失过多盐分，发生四肢无力、抽筋等现象。

3. 散步的学问

散步是一种简单的运动方式，然而散步也是有学问的。普通散步法要求每分钟 60 ~ 90 步，每次 20 ~ 40 分钟，适合于患有冠心病、高血压、脑卒中后遗症、呼吸系统病或中重型关节炎的老年人。快速散步法要求每分钟 90 ~ 120 步，每次 30 ~ 60 分钟，适合于中青年慢性关节炎、胃肠道和高血压病恢复期等患者。反复背向散步法要求行走时两手背放在身后，缓步背向行走（倒退步）50 步后，再向前走 100 步，反复进行 5 ~ 10 次，适合于健康的老年人。

人患静脉曲张是由于长时间站立工作，血液淤积在下肢静脉管中，血液循环不通畅造成的。跑步可增强腿部肌肉的活动量，加快血液循环，挤压静脉内的血液，使血液流动更通畅。

4. 练习太极拳

（1）练习太极拳的好处：

①调节肠胃功能：我们在练习太极拳时是需要腹式呼吸的，推动膈肌的升降运动，带动肠胃积极蠕动，分泌唾液，提高我们的消化能力和吸收能力，促进身体健康。

②疏通心脑血管：我们练习太极拳可以促进新陈代谢，疏通血管。

③延缓衰老：随着我们年龄的增长，骨质增生就会出现。打太极拳能预防中风和骨质增生，保持挺拔的身姿和轻盈稳健的肢体动作。

④有效缓解慢性病：太极拳讲究"松、静、柔、深"，内外兼修、动静结合，要求身体和精神都达到完全的放松。练拳时动作轻柔放松，可促

使血压下降，增强血管弹性，有利于防治各种心血管疾病。静是安静、沉静，全神贯注，摒除杂念，这对调节大脑皮层和自主神经系统的功能有独特作用，可治疗神经衰弱，提高人体对外界的适应能力和抗病能力。太极拳采用腹式呼吸方式，能够气沉丹田，增加肺活量。太极拳又是以腰为轴，腰部活动能促使腹腔血液循环，促进胃肠蠕动和消化液的分泌，对肝脏也有按摩作用，改善肝功能，对有消化系统疾患和肝炎患者很有好处。总之，太极拳是一种温和的全身运动，对身体各方面都有好处，适合年老、体弱和病情较轻的冠心病、肺结核、肝炎乃至癌症患者练习。

（2）适合练习太极拳的环境：太极拳最好在阳光充足、空气新鲜、地面平坦、环境幽静的环境中练习。在夏季，体弱者宜在树荫下练习。练习环境空气越新鲜越好，若空气污浊，多含二氧化碳、烟灰、尘埃、细菌等有害物质，吸入肺内是不利健康的。初学者和体弱有病者最好在平坦宽敞的地方练拳，以便立稳。熟练后地面不平坦也可以练拳，这对脚的适应力有好处，有益于提高推手技术。环境幽静容易精神集中，这对初学者尤为重要。另外，可以集体练习太极拳，配音乐，做到动作整齐、节奏分明，也有利于初学者。

有人说雾天练习太极拳对健康不利，这个问题要具体分析。空气中的水蒸气遇冷而凝结成小水珠，漂浮在接近地面的空间，形成了雾。如果在空气新鲜而有雾的地方练拳，对身体健康并没有不良影响。烟尘和废气较多的地方本来就不宜练拳，有雾时空气更坏，因为雾会使大气污染物不能及时扩散和稀释，所以雾天练拳要避开空气污染的地段。

5. 拉筋的好处

人从出生到衰老，筋经萎缩，筋脉不通，容易出现四肢麻木、血栓、疼痛、脊椎弯曲等现象。这也是为什么老年人身高减小、弯腰驼背的原因。

人体十二筋经走向和十二经络走向相同，所以拉筋也是锻炼人体经脉。中医说通则不痛，只有经脉畅通，身体才不会出现病痛。另外，拉筋有助

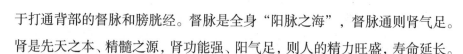

于打通背部的督脉和膀胱经。督脉是全身"阳脉之海"，督脉通则肾气足。肾是先天之本、精髓之源，肾功能强、阳气足，则人的精力旺盛，寿命延长。

其实，拉筋不必刻意去做，很多运动都有助于拉筋。如瑜伽可以锻炼身体的柔韧性，同时也在拉筋。跳舞是一项全身运动，注重身体的协调和优美，也有利于拉筋。膀胱经是人体的排毒经脉，也是人体抵御寒气的一个屏障。膀胱经通，寒气则难以入侵，体内排毒顺畅，减少体内毒素堆积，身体更健康长寿。多拉腿部筋经，有利于改善腿内侧的肝经、脾经和胃经。这3条筋脉通，则身体通畅，肾功能强。

6. 适宜腰椎间盘突出患者锻炼的项目

腰椎间盘突出物压迫神经时间较长者，可引起神经麻痹或肌肉瘫痪，甚至间歇性跛行、脊柱侧凸、侧弯等。腰椎间盘突出患者适当做些运动，有助于缓解症状。

（1）游泳：游泳是柔和的全身运动项目，有助于缓解关节和腰椎紧张度，较为适合腰椎间盘突出患者。

（2）退步走：每天退步走40 ~ 60分钟，尽可能往后倒，以走完后微感疲劳，不加重症状为度。

（3）引体向上：身体素质好的人可以在单杠上做引体向上，或者双手握着单杠，两脚悬空吊一会儿，一天反复多次。

（4）仰卧蹬车：仰卧床上，双腿向上轮流蹬，似骑自行车状，每天早晚各一次，每次10 ~ 15分钟。

7. 冬季养生不是出汗多就好

俗话说：春发夏长，秋收冬藏。对人来说，冬天要把身体里的精气神藏起来，不让它们"泄"出去。很多人为了锻炼效果，在冬天也追求湿透运动服，或是有些人吃火锅、洗桑拿后汗流浃背，这样都不利于冬季养生。冬天锻炼大汗淋漓，很可能就是运动过量了，会损害气。一方面，人出汗时毛孔扩张，细菌有了入侵通道；另一方面，人遇冷容易感冒，可能导致肌肉和关节的损伤，甚至使体质变弱。尤其是儿童和老人，更要避免冬天大量出汗。

冬天运动应该以适量、轻微为主，感觉身体微微发热是最佳状态。专家强调，强身健体的运动本就不应该大汗淋漓，不然就成了竞技体育。

洗桑拿、泡温泉会流失很多汗，泡澡一般在15分钟左右为宜，水温要控制在40 ℃以下。如果出现心跳加速、呼吸急促等现象，应立刻停止。

若是一不小心汗出猛了，可以通过饮食稍加调理。专家介绍说，冬季应该多吃些温补的食物，如鸡肉、羊肉、鲫鱼、大枣和杏仁等，可以增强耐寒能力。

（1）少出大汗：冬季属阴，以固护阴精为本，宜少泄津液。

（2）健脚板：经常保持脚的清洁干燥，袜子勤洗勤换，每天坚持用温热水洗脚时，按摩和刺激双脚穴位。每天坚持步行半小时以上，活动双脚。早晚坚持搓揉脚心，以促进血液循环。

（3）水量足：一般冬季每日补水不少于2 000～3 000毫升，以保证正常的新陈代谢。

（4）防犯病：冬季寒冷会使人的慢性病复发或加重，诱发心肌梗死和中风。因此，冬季应注意防寒保暖，心脏病患者备好急救药品。重视锻炼，提高御寒抗病能力，预防呼吸道疾病。

（5）调精神：冬天易使人情绪低落，慢跑、跳舞、滑冰、打球等活动，是消除冬季烦闷的"良药"。

（6）空气好：冬季常开窗通风，或在室内放一台负离子发生器，以清洁空气、健脑提神。

8. 仰卧起坐

（1）仰卧起坐的好处：

①锻炼毅力：仅仅一次仰卧起坐的运动量并不是很大，如果每日持之以恒，日久必有效果。

②增加腹部肌肉的力量：仰卧起坐是锻炼腹肌的有效办法之一，配合其他有氧运动，可达到减脂效果。

③减小肚子和腹股沟：仰卧起坐是一个有利于女生的运动，能刺激腹股沟并改善腹部的血液循环，在一定程度上能缓解妇科问题，提升自身的免疫力。

④有利于肠胃运动：仰卧起坐需协调好呼吸，能刺激肠胃的蠕动，预防便秘的发生。

（2）做仰卧起坐的误区：

误区一：很多人以为只要坚持做仰卧起坐，就能达到减肥目的。

纠错：单纯依靠仰卧起坐只能达到局部的健身效果，因为仰卧起坐锻炼的是腹部肌肉群，而身体其他部位如大腿、臀部等得到的锻炼就比较少。想通过一种运动，达到某个部位的减肥效果是不可能的。

正确做法：把仰卧起坐和有氧运动有效结合起来，才能达到完美的减肥效果。

误区二：做仰卧起坐动作又快又猛，以为这才是腹部肌肉力量加强的表现。

纠错：其实这么做很容易让腹部肌肉拉伤。

正确做法：双手交叉抱于胸前，起坐时控制着让腹部发力；或者加大难度，把双手叠放在脑后，尽量展开双肘。

误区三：在做仰卧起坐的时候，身体会不由自主地向某一个方向偏离。

纠错：这样会让腹部肌肉锻炼得不均匀。

正确做法：尽量控制好仰卧起坐的方向，不要偏离直线，而且速度要放慢，来锻炼腹部肌肉的控制能力，最好在起来时用心感觉一下腹部肌肉的发力感。

9. 科学跑步

（1）跑步注意事项。

定期体检：对于打算马拉松比赛的人来说，体检是必需的。

避免在气温过高过低时跑步：户外气温在30℃以上或者0℃以下，最好就不要在户外跑步了。人在这种环境下剧烈运动，容易诱发心脑血管疾病。

及时补水：如果跑步者流汗过多，需要大量补水，最好选择淡盐水（1克盐配100克纯水的比例）。

宜慢不宜快：为了健康、减肥而跑步，速度不必求快，慢跑最佳。对于大部分跑步者来说，如果跑步速度过快或者突然加速，会导致心肌缺血，发生危险。

要长跑，但不要太长：30千米跑，是大部分人的身体极限距离。马拉松赛场上的跑步者，也多会在30千米以后变成"走跑结合"，其实就是跑不动了。所以，对于日常跑步者最好不要超过30千米，平常0.5~1小时慢跑7千米算是最优选择。

跑步注意"刹车"：长期坚持运动的人，往往会在运动中产生兴奋感，特别是长跑。一旦进入一个兴奋点，身上的疲倦会被一扫而空，再跑很容易超过身体的极限。这时要及时"刹车"，量力而行。

（2）跑步方式。

慢跑：根据自己能适应的速度与强度，以自己的步伐频率来跑。慢跑可能达到健美体形、降血脂的效果，而且难度不大，适合没有运动习惯的女生。

原地跑：原地跑可以很好地锻炼上半身，配合上手臂的大幅度摆动，对减肥很有效果。

加速跑：体力较足的女生可以选择加速跑。在身体进入状态后逐渐提高速度，一直达到最高速度为止，再逐渐停下来。加速跑能让热量充分燃烧，让身体充分运动。

（3）预防萝卜腿：很多女生跑步运动不瘦，反而长肌肉，这就要考虑正确的跑步姿态了。脚跟着地，再由脚跟滚动到脚掌，这样跑可以减小对踝关节的压力，不会刺激小腿肌肉的生成。跑步后要做些拉筋运动，放松紧绷的肌肉。跑步初期有人也会觉得腿在变粗，其实这是因为跑步后小腿疲劳，发硬、发僵，有紧绷感，只是错觉而已。

正确的跑步姿势：正确的跑步姿势不仅能够有效避免受伤，还能够让你身体的各个部位均匀受力，能量消耗更为合理，更好地塑造体形。身体直挺略微前倾；头部端正直立，目光注视前方约 10 米的地面；双手松弛而握、肩膀松弛、手臂放松，肘部小于 90 度弯曲，手臂前后摆动；膝盖在脚后跟之前向前伸；脚前掌落地。

用脚跟落地：事实上，很多人都习惯用前脚掌落地，这样跑起来轻松不费劲，但对于小腿粗壮的女生就不太适合了。正确跑步的方法是先用脚跟落地，再用全脚掌着地，不仅不会使小腿变粗，反而会使小腿变得纤细。

（4）跑步掌握好速度。研究证明，持续运动 30 分钟后脂肪才开始燃烧，跑步减肥就是这个道理。不要以为运动越剧烈，瘦身效果就越显著。只有低强度的有氧运动，脂肪才能被充分消耗，一般跑步控制在 6 ~ 8 千米 / 时就可以了。如果你加快跑步的话，虽然消耗的热量会增多，但也会损害膝盖。

（5）判断是有氧或者无氧跑步。你在跑步机上感觉心跳加快，上气不接下气，证明出现了明显的无氧状况；你跑步时感觉步伐呼吸均匀协调，还可以轻松与别人聊天，这就是最佳的有氧长跑。

10. 健身完吃什么增肌最快

（1）鸡蛋：鸡蛋中的蛋白质能满足人体的需求，吃少量鸡蛋的增肌效果，与吃大量牛肉的增肌效果相当。蛋黄中还有帮助肌肉收缩的维生素 B_{12}、核黄素、叶酸、维生素 B_6、维生素 D、维生素 E，以及铁、磷、锌等矿物质。

（2）杏仁：杏仁含有抗氧化剂维生素 E，可防止人高强度运动后肌肉损伤，有效促进增肌。

（3）三文鱼：三文鱼富含高质量蛋白质和 $\Omega-3$ 脂肪酸，有助于减轻人锻炼后肌肉蛋白的衰退，增肌效果明显。

（4）酸奶：酸奶是蛋白质和碳水化合物比例最理想的食品，可有效促进增肌。

（5）牛肉：牛肉含有丰富的铁和锌，可促进肌肉生长。另外，每 450 克牛肉就含有 2 克肌酸，堪称"肌酸之王"。肌酸在为骨骼肌提供能量方面具有重要作用。

（6）橄榄油：橄榄油中的单不饱和脂肪是一种抗代谢分解营养物，有益于人体健康，还可有效保护肌肉。

（7）水：肌肉中大约 80% 是水分。身体水分哪怕只有 1% 的改变，都会影响锻炼效果。德国研究发现，在人体水分充足的情况下，肌肉蛋白质的合成速度更快。锻炼前后应称一下体重，如果运动后体重减轻 453 克（1 磅），就得补充 680 克的水。

（8）咖啡：咖啡因有助于增强耐力。运动前喝两杯咖啡，可以使运动时长增加 9%。

（9）白面包：相比粗粮，白面包含纤维素少、营养也少，而且可提升胰岛素水平。4 片白面包，就可以提供大约 50 克易消化的碳水化合物。

（10）意大利面：增肌需要大量的碳水化合物作原料。一杯煮好的通心粉大约含有45克碳水化合物，这是增肌每餐至少需要的量。

11. 深蹲的误区

深蹲是提高腿部力量的最好动作。深蹲能最大限度地促进睾丸激素分泌，能促进全身肌肉生长，增强性能力。深蹲能提高心肺功能和扩大胸腔。人老先老腿，练习深蹲能显著降低人的衰老速度。

深蹲正确动作。

侧面：小腿与上身平行，大腿与地面平行或更低，背部挺直。

正面：双脚与肩同宽，脚尖与膝盖朝向一致。

发力：小腿、大腿前后侧、臀部、背部同时发力，完成动作。

其他：头部、肩部上下垂直移动。

（1）膝内扣。

常见于：女性、膝关节习惯性内扣者。

不利影响：韧带、半月板等损伤风险加大。

原因：骨盆宽、外展肌群弱。

解决：强化外展肌群力量（可行）。

方法：小狗式髋外展、螃蟹步横移（用迷你弹力带做）。

（2）蹲得不"深"。

常见于：蹲不下去者。

不利影响：对臀大肌的刺激不够，练不出翘臀。

原因：前者有柔韧、协调性差的原因，后者是心理因素。

解决：前者针对薄弱环节练习，后者去咨询心理医生。

方法：每天做全身拉伸练习，克服心理障碍。

（3）弓背。

常见于：背部力量较差者。

不利影响：下背部损伤风险加大。

原因：背部力量差。

解决：加强背部力量练习，维持脊柱中立位。

方法：哑铃硬拉（直腿或屈腿）。

（4）不变换两腿站距练习。

常见于：很多"懒人"。

不利影响：对腿臀部肌肉产生不了新的刺激。

原因：无意识行为。

解决：两腿窄距练股四头肌，中距练臀大，宽距练内收。

12.快走

（1）快走的好处：快走可增强神经系统的快速反应和协调功能；改善呼吸循环，可防治肺部疾患；促进血液循环，使心脑获取充足的血氧，预防高血压（血压食品）、心绞痛；促进消化（消化食品）液分泌，改善食欲，防止便秘（便秘食品）；减少血液中有害的甘油（油食品）三酯水平，提高有益的高密度脂蛋白水平，对防治冠心病、心绞痛大有裨益。日本研究人员发现，每天快走1小时的人与几乎完全不运动者相比，罹患癌症（癌症食品）的概率减半。

（2）快走方式：

①合气道走路法：双脚站姿呈60度，重心在丹田，抬头挺胸，双脚脚尖也呈60度，走起路来要脚跟先着地，屁股夹紧，膝盖伸直，手不要过于摇摆。这样走路不但能减肥，还能改善O形腿。

②劲走法：走路时全身用劲，手臂摆动幅度要大，每分钟100步，每次至少要走2千米。劲走法可以锻炼人手臂和背部的肌肉，最大限度地燃烧腿部脂肪，达到瘦腿、瘦手臂、瘦背的功效。

③交叉腿行走法：采用交叉腿行走，幅度尽量要大一些，可以拉长腿部肌肉线条，让腿部看起来更修长。

④快走踢腿法：调整散步方式，增加踢腿、摆平的动作，放大步伐，

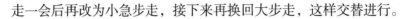

走一会后再改为小急步走，接下来再换回大步走，这样交替进行。

⑤脚尖前进法：双腿分开30厘米，双手向上举起，手心相对，脚尖垫起坚持1分钟，然后再用脚尖走路。这样可以锻炼到手臂、腹部、小腿肚的肌肉。

（3）快走时的注意事项：快走中途不要间断，要在设定的时间内一口气走完。快走不等于小跑，要注意步伐节奏。

快走是比较典型的有氧运动，必须达到一定的速度和时间，才能分解体内的糖分，消耗脂肪。所以，快走每分钟必须达到60步以上，连续行走10分钟以上。计步器可以帮助你精确计量步数和时间。

另外，快走时注意轻装上阵。

（4）快走后的注意事项：快走后不要立即喝水，否则会使出汗增多，盐分带走也更多。建议等5～10分钟后，心率恢复正常，再喝适量的水。

快走后不要马上停下来休息，否则会妨碍血液回流心脏，造成大脑缺血。可以改快走为散步，拍打或者按摩小腿和大腿，缓解腿部肌肉的僵硬，促进血液循环。

最好每天坚持锻炼，每次练习40～60分钟，2～3个月后减肥效果会很明显。

13. 缓解爬山腿疼

（1）按摩：按摩可以让疲劳的肌肉放松，不能太用力，用双手轻轻拍打小腿肌肉，或者轻按大腿肌肉。

（2）热水泡脚、热敷小腿：热水泡脚能促进血液循环，缓解腿部的不适。腿疼是因为经常不运动，一下剧烈运动产生了乳酸，热敷小腿可以消除。

当然，泡澡效果更好，可以在浴盆内放一些红花和醋。

（3）恢复性运动：登山后第二天适当放松活动，可以加快乳酸的排泄。

（4）药物治疗：有一些药物可以减轻肌肉疼痛，可以询问医生。

（5）注意休息：适当的按摩或者热敷后，要尽快上床休息，这样可以让疲惫的身体尽快恢复过来。

（6）多吃一些碱性食物：因为体内乳酸过多堆积，多吃一些碱性食物可以保持体内酸碱度的平衡，尽快消除肌肉疲劳。碱性食物有豆制品、蔬菜、水果等。

（7）少吃酸性食物：肉类、蛋类食物少吃，尽量吃得清淡一点。多喝一些盐水或者糖水，有助于补充能量。

14. 通过运动燃脂

有氧运动时身体首先消耗的是肝糖原，肝糖原消耗完之后，才开始分解脂肪消耗。所以说一次有氧运动的时间不能少于 20 分钟，最佳时长是 40 ~ 60 分钟。不管是有氧运动，还是无氧运动，每周锻炼 3 ~ 5 次为最好，既不会太累，又可起到较好的燃脂效果。先做 10 ~ 20 分钟的力量训练，再进行 30 ~ 40 分钟有氧运动，燃脂效果是最好的。

（1）跳绳：不间断地跳绳 10 分钟，与慢跑 30 分钟消耗的热量差不多，是一种低耗时高耗能的有氧运动。长期坚持跳绳，可以令双腿变得紧致。

（2）下蹲：下蹲能明显改善梨形身材，女生们可以边看电视边运动。

采取脚尖略微向内站立、向外站立的姿势，对紧缩腿部内外侧肌肉有显著效果。

（3）"卷腹"：女生可在睡前仰卧，两腿弯曲，两臂放于体侧，头和上身慢慢向上抬起，停留 1 分钟左右头再落下，反复进行，直到肌肉感到酸楚为止。"卷腹"持之以恒，可令腰部、颈部线条变得优美。

（4）温和运动：所谓适度锻炼，就是每周消耗 8 400 千焦（2 000 千卡）热量，相当于打 2 ~ 3 小时的乒乓球。温和运动所需能量主要由脂肪提供，约有 2/3 的肌肉群都参加运动，运动强度介于低、中度之间，持续时间为 15 ~ 40 分钟。

长期坚持有氧运动，能增加体内血红蛋白的数量，提高机体抵抗力；提高大脑皮层的工作效率和心肺功能，增加脂肪消耗，防止动脉硬化，降低心脑血管疾病的发生率。有氧运动有快走减肥、慢跑减肥、跳减肥健美操、游泳减肥、骑自行车、打太极拳等。每周锻炼 3 次，每次锻炼半小时。20 ~ 30 岁的人运动心率维持在 140 次 / 分，40 ~ 50 岁的人运动心率维持在 120 ~ 135 次 / 分，60 岁以上的人运动心率维持在 100 ~ 120 次 / 分即可。

判断脂肪是否在"燃烧"，有个简便方法。如果你运动时感觉还能说话，但是已经不能唱歌，身体明显发热、气喘，有出汗感，这个运动强度是最适合的。

15. 每天什么时间锻炼比较好

研究发现，高强度运动可在饭后两小时进行；中度运动应该安排在饭后 1 小时进行；轻度运动则在饭后半小时进行最合理。据此可以推出几个最佳运动时间段。

早晨时段：晨起至早餐前，5：30 ~ 6：30。

上午时段：早餐后 2 小时至午餐前，9：00 ~ 10：30。

下午时段：午餐后 2 小时至晚餐前，14：00 ~ 17：00。

晚间时段：晚餐后 2 小时至睡前，19：00 ~ 21：00。

运动频率：每周 3 ~ 4 次，不少于 3 次，不宜超过 5 次。

运动时间：每次 30 ~ 45 分钟，不少于 30 分钟，不宜超过 60 分钟。

运动目标心率：安静心率 +30 ~ 50 次 / 分钟。

例如，某人安静时心率为每分钟 80 次，即 80+30=110（次 / 分钟）或 80+50=130（次 / 分钟），就是运动目标心率。

提示：最好咨询专业教练，根据自身的身体健康状况，年龄、性别、体能水平、健身目的等，选择适合自己的运动项目，做到科学健身、合理安排。

16. 健身增肌吃什么

高蛋白肉类：想要增肌的朋友一定要区分清楚什么是高蛋白、低脂肪的肉类，什么是高脂肪、低蛋白的肉类。像牛肉、羊肉、鸡肉，都是高蛋

白肉类，适合健身后食用。

蔬菜和水果：如橙子、萝卜、苹果等，有利于我们健身后补充维生素和保持营养均衡。

高碳水化合物食品：我们在高强度、大重量的增肌训练后，身体内会消耗大量的碳水化合物，需要吃些饼干、巧克力棒等。

高热量食品：奶酪、花生等，有利于我们的健身能量补充。

乳清蛋白粉：乳清蛋白粉容易被人体吸收，含有高蛋白，有抗疲劳的作用。

增肌粉：增肌粉能够让人在短时间内塑造大型的肌肉，但也有一定的副作用，如果需要维持肌肉的状态，就必须一直吃下去。

植物蛋白粉：植物蛋白粉与乳清蛋白粉功效类似，但价格比较便宜。

【一天的健身食谱】

（1）第一餐：7～8点早餐。

碳水化合物：1个馒头，面包、花卷或者米饭、面条适量。

蛋白质：1杯蛋白粉，2个蛋清。

脂类坚果：2个核桃。

蔬菜水果：1个香蕉或苹果。

营养补剂：1片善存片。

（2）第二餐：10点加餐。

碳水化合物：1片面包或者1个蒸土豆。

蛋白质：1个蛋清，蛋白奶。

蔬菜水果：1个香蕉或者猕猴桃。

（3）第三餐：12点午餐。

碳水化合物：米饭、面条或饺子、米粉一大碗。

蛋白质：鱼肉、鸡肉、肝脏、牛肉、豆腐、海鲜均可（红烧、清炖、清蒸）。

脂类坚果：1把腰果。

蔬菜水果：蘑菇、菜花、豆芽、金针菜、海带、柿子椒、菠菜均可。

（4）第四餐：15 点加餐。

碳水化合物：1 片面包或者 1 个玉米棒。

蛋白质：1 个蛋清，蛋白奶。

蔬菜水果：1 个香蕉或者橘子。

（5）第五餐：18 点晚餐。

碳水化合物：一大碗米饭、面条。

蛋白质：鱼肉、牛肉、豆腐、鸡肉、海鲜均可（清炖、清蒸最好）。

脂类坚果：2 个核桃。

蔬菜水果：与午餐一样。

（6）第六餐：21 点加餐，与第二餐一样。

17. 常见运动损伤

（1）肌肉痉挛：肌肉痉挛就是我们常说的"腿抽筋"，是一种强直性肌肉收缩，不能缓解放松的现象。

原因：冬季或清晨运动时气温较低；运动前未进行适当的准备活动；小腿肌肉受到冷的刺激，均会引起肌肉痉挛，即抽筋。

处理措施：如果大家在运动过程中发生肌肉抽筋，用手握住抽筋一侧的脚趾，用力向腿部方向按压。另一手向下压住膝盖，使腿伸直，重复动作。待疼痛消失时，对抽筋部位肌肉进行按摩。

温馨提示：在跑步中，要及时补充水分和电解质，防止抽筋。

（2）肌肉酸痛：人运动时肌肉收缩产生能量，氧气供应不足，乳酸堆积，刺激神经系统，引起疼痛。

原因：运动前的准备活动不够充分，或者是运动后没有拉伸放松。

处理措施：如果运动中发生肌肉酸疼，可以慢慢降低运动的速度，拉伸或按摩肌肉。

温馨提示：运动前的热身运动和运动后的拉伸放松很有必要。

（3）脚踝扭伤：跑步时跌倒、滑倒而导致脚踝扭伤，发生剧烈疼痛。

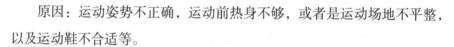

原因：运动姿势不正确，运动前热身不够，或者是运动场地不平整，以及运动鞋不合适等。

处理措施：脚踝扭伤处理遵循 RICE 原则。

①R（rest）休息：脚踝扭伤后应立即停止运动，防止重复损伤和加重损伤。

②I（ice）冰敷：用冰棍和冰水瓶置于脚踝处，冰敷 10 ～ 15 分钟。每隔 2 ～ 3 小时冰敷一次，可以有效防止肿胀。

③C（compression）加压包扎：利用绷带对受伤脚踝加压包扎。

④E（elevasion）抬高扭伤脚踝：为了减少组织液的渗出和减轻脚踝的肿胀，可以将扭伤的脚踝适当抬高。

温馨提示：脚踝扭伤要彻底治愈后，才能进行运动。

（4）膝部疼痛：膝部疼痛对于很多跑步爱好者来说，是一个很头疼的问题。

原因：跑步场地坚硬，没有缓冲，对膝盖的冲击比较大，容易造成膝盖损伤。跑步者动作不正确，长时间得不到放松，也会造成膝盖疼痛。

处理措施：膝盖疼痛者停止跑步 2 ～ 4 周，并口服一些抗炎药物，如

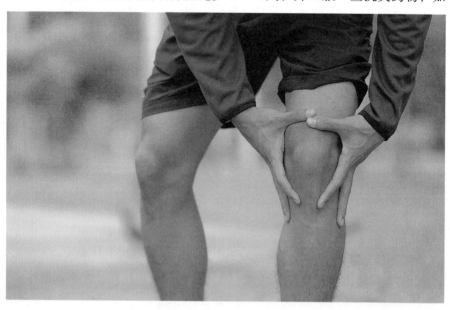

布洛芬、芬必得、消炎痛等。

温馨提示：跑步运动需要进行力量的训练。

（5）足底筋膜炎：足底筋膜为脚底部位的厚组织，为足弓提供支撑力，并吸收跑步时所产生的反作用力。如果足底筋膜长时间处于伸张状态，或是受到局部的强力碰撞，就可能发生足底筋膜炎。

原因：足底筋膜炎患者通常在早上起床或久坐后起来步行时疼痛最为剧烈，行走一段时间后会减轻。因此，很多人不注意，继续跑步导致恶化。

处理措施：及时停止跑步并冰敷。平时多做足部的牵拉和放松，例如，找一个网球，然后把脚踩在网球上，用身体的重量去踩压网球，从而起到放松足底筋膜的作用，效果非常好。

（6）腹痛：早晨空腹运动或进食后未充分消化就运动，可引起腹痛。

原因：运动前未做准备活动；心脏惰性大，不能适应运动负荷，引起呼吸肌紊乱"岔气"；饭后、饮水后，肠系膜受到过分牵拉。

处理措施：运动过程中发生腹痛时，最好慢慢减速，直至停止运动。调节呼吸节奏，加深呼吸，可连续做多次深呼吸。同时用手按压腹部，可减轻疼痛。

温馨提示：发生腹痛时，切记不要突然停止运动，以免加剧疼痛，应缓慢减速，直至停止。

18. 游泳八忌

一忌饭前饭后游泳。空腹游泳会影响人的食欲和消化功能，易发生头昏乏力等情况；饱腹游泳也会影响消化功能，产生胃痉挛，甚至呕吐、腹痛现象。

二忌剧烈运动后游泳。这会加重心脏负担，使体温急剧下降，导致抵抗力减弱。

三忌游泳后长时间暴晒。长久暴晒会产生晒斑急性皮炎，亦称阳光灼伤。因此，上岸后最好用伞遮阳，或到树荫处休息，或用浴布搭在身上，

最好在身体裸露处涂抹防晒露。

四忌不做准备活动就游泳。水温通常比气温低，因此，下水前必须做准备活动，以免身体产生不适或抽筋。

五忌游后马上进食。游泳后休息片刻再进食，否则，会引起胃肠道疾病。

六忌患病游泳。心脏病、高血压、肾炎患者，开放性肺结核、传染性肝炎、痢疾、肠炎患者，均不宜游泳。

七忌不文明游泳。不论是成人还是小孩，游泳均应穿游泳衣，注意礼仪。

八忌不安全游泳。不在不熟悉的水域和水下情况复杂的水域游泳。不掌握游泳技巧的人，切忌盲目冒险，以免发生意外。

19. 游泳自救方法

（1）腿部抽筋：游泳者发生抽筋时，若在浅水区，可马上站立并用力伸蹬，或用手把足拇指往上掰，并按摩小腿可缓解。如在深水区，可采取仰泳姿势，把抽筋的腿伸直不动，待稍有缓解时，用手和另一条腿游向岸边，再按上述方法处理。

（2）呛水：游泳者呛水不要慌张，要调整好呼吸，也可及时呼救。

（3）腹痛：一般是因水温较低或腹部受凉所致。游泳者入水前用手按摩腹脐部数分钟，用少量水擦胸、腹部及全身，以适应水温。如在水中发生腹痛，立即上岸并注意保暖。喝一瓶藿香正气水，腹痛会渐渐消失。

（4）头晕：在水中游泳时间过长或空腹，可能会头晕、恶心，这是疲劳缺氧所致。要注意保暖、按摩肌肉，喝些糖水或吃些水果等，很快可恢复。

八、百病百治

1.药品的"慎用、忌用、禁用"

在药品说明书上经常出现"慎用、忌用、禁用",患者只有正确理解其中的含义,才能保证用药安全。

(1)"慎用"是指该药可以谨慎使用,一旦患者出现不良反应立即停止用药。所以,"慎用"是告诉你要留神,不是说不能使用。小儿、老人、孕妇和心脏、肝脏、肾脏功能不好、体弱多病患者,要慎用药物。因为这些人体内药物代谢功能(包括解毒、排毒)较差,机体可能出现不良反应。患者遇到慎用药品时,应当咨询医生后,按医嘱使用较为安全。例如,利他林对大脑有兴奋作用,高血压、癫痫病人慎用。

(2)"忌用"比"慎用"进了一步,已达到不适宜使用或应避免使

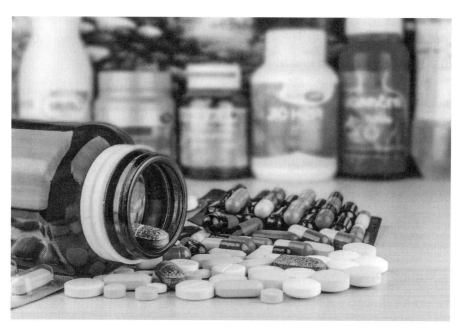

用的程度。"忌用"提醒某些患者，服用此类药物可能会出现明显的不良反应和不良后果。如咳必清，是抑制咳嗽中枢的镇咳药，咳嗽痰多时就应忌用，否则，痰咳不出来，会加重病情；非那根，怀孕3个月的妇女忌用，可能引起胎儿畸形等；磺胺类药物对肾脏有损害作用，肾功能不良者忌用；雷米封（抗结核药）对肝细胞有损伤作用，肝功能不良者忌用；苯唑青霉素钠可减少白细胞，白细胞减少症患者忌用。有的忌用药品如病情急需，可在医生指导下选择药理作用类同、不良反应较小的药品代替。

（3）"禁用"是对用药的最严厉警告。禁用就是绝对禁止使用，无任何选择余地。因为患者一旦服用，就会出现严重的不良反应或中毒。如心动过缓、心力衰竭患者禁用心得安；青光眼患者禁用阿托品；胃溃疡患者禁用阿斯匹林、消炎痛，否则，易造成胃出血、胃穿孔；中药巴豆、牵牛、麝香、水蛭等，孕妇禁用；过敏患者禁用青霉素，可死亡。

2. 预防流感小验方

（1）**葱豉汤**：葱白1根（10～15克），豆豉15克，水煎2份，分2次温服。有通阳散寒、解表作用，适用于有风寒感冒征兆者。

（2）**生姜红糖汤**：生姜5片，红糖20克，水煎2份，分2次服用。有温阳散寒、解表作用，适用于有风寒感冒、内有胃寒征兆者。

（3）**银花菊花汤**：银花10克，菊花10克，泡水代茶，频频饮服，辛凉解表，清热解毒。适用于外感风热、咽干而有风热感冒征兆者。

（4）**薄荷芦根汤**：薄荷10克，芦根30克，先煎芦根，约15分钟后再加入薄荷，煎5分钟即成。代茶饮，具有辛凉解表、利咽功效，适用于外感风热、咽干口燥，有感冒征兆者。

（5）**食醋滴鼻液**：食醋5毫升，加冷开水95毫升，摇匀备用。滴鼻时鼻孔向上，每次滴入2～3滴，溢入口中亦无妨，每日2～3次。由于食醋偏酸，可控制流感病毒从鼻而入。

（6）**小苏打滴鼻液**：小苏打5克，加温开水5毫升，搅拌至完全溶解，备用。滴鼻时鼻孔向上，每次滴入 2 ~ 3 滴，每日 2 ~ 3 次。小苏打偏碱，可控制流感病毒从鼻而入。

食醋、小苏打滴鼻和酸碱疗法，可任选一种，切勿同时并用，以免酸碱中和。

3. 怎样使用退热药

小儿发热、抽搐，如果时间过长，会造成大脑缺氧。一般小儿体温在 39℃以下时（有高热抽搐病史者除外），不宜使用退热药，可采用物理降温法。适当饮些淡盐水，以补充体内盐和水的流失。对 6 个月以下的婴儿，尽量少使用退热药。

当小儿体温超过 39℃时，家长应考虑使用退热药。有高热抽搐病史的小儿，可适当提前服用。扑热息痛服用 3 ~ 4 小时达到最大退热作用，体温平均下降 2℃以上，持续 6 小时，退热作用安全可靠，不良反应少，尤其适用于哮喘、流行性感冒和水痘等，以及不宜使用阿司匹林的发热患儿。

注意：退热药可临时使用一次，还是要对因治疗。如小儿体温不退或复升，可间隔 4 小时以上重复使用。切忌在短时间内服用性质相同的退热药，服药后给孩子多饮水，以利出汗退热。

不过由于小儿病情的复杂性，最好在医生的指导下使用退热药。

4. 细菌性痢疾及其预防

细菌性痢疾（简称菌痢）是一种由痢疾杆菌引起的急性肠道传染病。菌痢全年均可发生，夏、秋季是发病高峰期，尤其是秋季，故有"秋泻"之说。菌痢的临床特征是腹痛、腹泻及排黏液脓血便等，特别是中毒性菌痢危害最大。菌痢通过"粪—口"途径传播。

（1）接触传播：接触痢疾病人后，有 16.7% 人的手会被病菌污染，再用不干净的手抓东西吃，就很容易染病。

（2）食物传播：痢疾杆菌在肉类、米饭、面食、水果等食品上一般可存活 10 ~ 24 天，如温度适宜，经过 12 小时后病菌就可增殖数百倍，乃至上万倍。因此，食用生冷不洁、过夜变质或被苍蝇叮咬过的食物，就很容易染病。

（3）水源传播：每克菌痢病人排出的粪便含有1亿多个痢疾杆菌，如果粪便处理不当，水源保护不好，井水、自来水被污染后未经消毒而被饮用，就会引起菌痢暴发流行。

预防菌痢最重要的是切断传播途径。要严格管理好粪便和水源，消灭苍蝇，食前便后要洗手，并做到不吃生冷食物，不吃不干净的瓜果，不吃腐烂变质食品，不吃未经处理的剩饭剩菜，不喝生水。对菌痢患者必须及早隔离并治疗。

5.高血压患者的8种中药茶饮

（1）荷叶茶：荷叶的浸剂和煎剂有扩张血管、清热解毒、降血压的作用。将鲜荷叶洗净切碎，加适量水煎，凉后代茶饮。

（2）莲心茶：莲心12克,开水冲泡,代茶饮,除能降血压外,还能清热、安神、强心。

（3）玉米须茶：玉米须有很好的降压作用，还有利尿、止血、止渴和健胃等功效。特别是新鲜玉米须，每次约25克，泡茶饮用，一日数次。

（4）菊花茶：用杭州大白菊或小白菊，每次3克泡茶饮用，一日3次。用菊花加金银花、甘草、麦冬同煎，代茶饮。

（5）槐花茶：将槐花晒干后，用开水浸泡，代茶饮，有治疗高血压、收缩血管、止血的功效。

（6）山楂茶：山楂有增进消化、降低血脂、扩张血管、降低血压等作用。每次5枚山楂泡服，代茶饮。

（7）枸杞茶：枸杞有降低血压、明目作用，一般每日用量9克，泡水服用。

（8）玫瑰茶：玫瑰不仅有美容、强身、止血的作用，而且还有减轻心绞痛、降血脂、降血压等作用。每次1～3朵，泡茶饮用。

6. 避免妇科疾病的 4 个细节

（1）**单独清洗内裤**：足癣、灰指甲、胃肠道的真菌都可能引发阴道反复感染。如果家人或者自己患有足癣、灰指甲等，用同一个盆清洗袜子与内裤是很危险的，很有可能造成真菌的交叉感染。因此，内衣裤一定要单独清洗。

（2）**勤剪指甲、勤洗浴**：真菌在生活中无处不在，如隐蔽的指甲缝、不透气的脚、多汗的皮肤褶皱、充满酸性消化液的胃肠等，都有大量的真菌。勤剪指甲、勤洗手脚、洗澡，可洗去身体上的大部分真菌，大大减少真菌的传播机会。

（3）**洗浴要得法**：女性的阴道是一个偏酸性的环境，有自洁功能，频繁使用妇科清洁消毒剂、消毒护垫等，会破坏阴道本身的微环境，使平衡失调，真菌会乘虚而入引发疾病。每天用清水清洗外阴就行了。女性的月经血也会破坏阴道内的弱酸性环境，导致阴道自洁功能失效，避免游泳、盆浴、性接触。

（4）**不滥用抗生素**：妇女发热、咳嗽时服用抗生素，在杀灭致病菌的同时，也抑制了部分有益菌群，耐药菌就会乘机大量繁殖，包括真菌。所以，使用抗生素一定要谨慎，要合理安全用药。

7. 便秘的发生与预防

成年人易受便秘的困扰，65 岁以上的人群易发生恶性病变。

（1）便秘的发生往往和饮食、生活习惯密切相关。便秘可由处方药和非处方药的副作用引起，包括补铁剂和含铁维生素、补钙剂、含铝抗酸剂、抗抑郁药和镇静剂、麻醉镇痛药、利尿剂，还有一部分降压药（尤其是异搏定）、抗精神失常药、抗"帕金森综合征"药等。

（2）补充水分对排便相当重要。必须保证每天 6 ~ 8 杯的饮水量，新鲜果汁也可以。

（3）"高纤维含量的饮食"有助于排便。通常人们平均每天需要补充 25～30 克纤维素。水果和蔬菜含有丰富的纤维素，如香蕉和葡萄干可促进排便。

（4）运动可缓解便秘，如散步就很好。

（5）养成良好的排便习惯，保证每天定时如厕，不定时的如厕习惯会导致便秘。

（6）极少数情况下，便秘还意味着"胃肠道"或者人体其他部位有潜在疾病。例如，肠激惹综合征、肠梗阻、憩室炎、结肠癌、甲状腺功能减退、血钙过多、硬皮病、帕金森综合征等，都可导致便秘。

8. 不可小视感冒

许多人认为感冒是"小病"，挺上三五天就能过去。实际上不然，人感冒后机体抵抗力下降，许多病原体乘虚而入，会引起并发症。

（1）支气管炎和肺炎：一些老年人患感冒后，病毒和细菌会长驱直入，累及气管和支气管，引起咳嗽、咯痰、胸痛、气喘等，迁延不愈者可演变为慢性支气管炎。如侵犯肺部，可有高热、神志模糊，肺部闻及湿啰音，X 线片可见肺部大片阴影。

（2）心肌炎：引起感冒的柯萨奇病毒、流感病毒、链球菌等可引起心肌炎，患者感冒后1~4星期表现低热、气急、呼吸困难、心前区闷痛等，心音变弱等症状，心脏增大，心电图和X线片均有异常表现。

（3）肾炎：感冒患者3~4星期后，出现浮肿、少尿、血尿、血压升高等症状，很可能并发了肾小球肾炎，应及时治疗。

（4）风湿性关节炎：感冒患者合并链球菌感染1~4个星期后，大关节局部红肿热痛，经抗炎、抗风湿和理疗，多可治愈。

（5）致畸作用：妇女在怀孕头3个月内患流感，可以引起胎儿先天性白内障、先天性心脏病、聋哑等。

另外，感冒还可诱发咽炎、猩红热、手足口病、脑膜炎和脑炎等。

9. 茶水疗疾

茶水是普通的日常饮料，如能巧妙应用，可防治许多常见疾病。

（1）防治儿童龋齿。茶水中的氟可阻止牙齿脱磷、脱钙，故常用茶水漱口可防龋齿。

（2）口臭或吸烟过度引起的心慌、恶心，可用茶水漱口并饮用适量浓茶来解除。

（3）刷牙时牙龈出血者，可经常饮茶，因茶富含维生素C、铁质及止血成分，可使牙龈坚韧，毛细血管弹性增加，防止牙龈出血。

（4）晕车晕船。事先用一小杯温茶水，加2~3毫升酱油饮下。

（5）腹泻。茶中的鞣酸有收敛止泻作用，喝浓绿茶可止腹泻。

（6）婴幼儿皮肤皱褶处发炎红肿时，可用茶叶熬水，给婴幼儿外洗。

（7）人劳累过度时，泡一杯新茶饮用，能较快地消除疲劳，恢复精力。

（8）过食油腻不适者，可饮用较浓的热茶，如饮砖茶或沱茶，解腻效果好。

（9）胆固醇高并伴有心血管疾病患者，每天饮一杯茶水，能降低胆固醇，保护心血管。

（10）食欲不振、小便黄赤者，可多饮用些淡茶水。

10. 尘沙眯眼不要揉

当灰沙眯眼或小虫、碎屑入眼后，有人就用力揉眼，想使异物立刻出来，这可是个危险动作，会对眼睛造成伤害。

（1）划伤：人的眼睛就像一架小的照相机，眼球的角膜就像镜头前面的一层玻璃，晶莹透明。人眼睛里进了灰尘，附在角膜上会感到疼痛，睁眼困难，用手去揉擦的结果是，原本光滑的角膜被小沙粒、尘土磨出一道道痕迹，看东西感到模糊不清，感觉更不舒适。如果角膜损伤严重，可引起角膜炎。

（2）感染：揉擦眼睛时，手上的细菌会污染眼睛，还会发炎。最好的办法是把眼睛闭起来，头稍低下，眼睛会流出大量眼泪，这时再眨动眼皮，尘沙就会被泪水冲出来。处理无效时，可请熟人翻转上眼睑寻找异物，或用消毒棉签或干净手绢叠出一个棱角轻轻拭出异物，及时滴抗生素眼药水以防感染。

11. 得了胃病要注意饮食

（1）少吃油炸食物：油炸食物不容易消化，会加重消化道负担，多吃会引起消化不良，使血脂增高，对健康不利。

（2）少吃腌制食物：腌制食物含有较多的盐分和致癌物，不宜多吃。

（3）少吃生冷食物、刺激性食物：生冷和刺激性食物会刺激消化道黏膜，容易引起腹泻或消化道炎症。

（4）规律饮食：研究表明，人有规律进餐可形成条件反射，有助于消化腺的分泌，更利于消化。

（5）定时定量：要做到每餐定时定量，不管肚子饿不饿，都应主动进食，避免过饥或过饱。

（6）温度适宜：饮食要不烫不凉。

（7）细嚼慢咽：对食物咀嚼次数愈多，分泌的唾液也愈多，对胃黏膜有保护作用。

（8）**饮水择时**：晨起空腹时和每次进餐前1小时适宜饮水，而餐后立即饮水会稀释胃液，影响食物的消化。

（9）**注意防寒**：胃部受凉后功能会受损，故要注意胃部保暖。

（10）**避免刺激**：吸烟会使胃部血管收缩，影响胃壁细胞的血液供应，使胃黏膜抵抗力降低而诱发胃病。胃病患者要少饮酒，少吃辣椒、胡椒等辛辣食物。

（11）**补充维生素C**：胃液中保持正常的维生素C含量，能保护胃部和增强胃功能。因此，胃病患者要多吃蔬菜和水果。

12. 对付小病妙招

（1）**感冒**：每天用60℃温水冲服一片泡腾片，感冒症状就会逐步减轻。

用铜钱或光滑的刮片蘸些白酒，轻轻地刮前后胸部、上肢肘关节外侧的曲池穴以及下肢曲窝处，直至皮肤微微发红发热。然后再喝一碗热的姜糖水，15分钟后身体便开始大汗淋漓，人会感觉轻松舒适。要注意免受风寒，好好地睡上一觉，感冒便会很快痊愈。

如果鼻塞厉害，可以试试在两个鼻孔内各塞入一根鲜葱条（在葱条外包上纱布），3小时后取出，通常一次就行。如果还有鼻塞，可于次日再塞一次。

洗脸时，用手捧冷水洗鼻孔，即用鼻孔轻轻吸入少量水，再擤出，反复多次；然后含一口盐水，再仰头漱口，使咽喉也杀菌清洁，对感冒痊愈很有好处。

（2）**皲裂**：用尿素霜涂抹在皲裂处，然后用橡皮膏贴覆，隔日更换，效果明显。先用温水洗手足，仔细搓去软化的角化层，然后涂抹尿素霜，微微烘干患处，即可加速裂口愈合。每天在皲裂处搽几滴维生素E油，增加局部滋润度，1星期内就可见效。将1个土豆煮熟后剥皮捣烂，加少许凡士林调匀，每日取少量涂于皲裂处，数日后患处即可愈合。

（3）扭伤：尽快用包着冰块的毛巾敷伤处，每次 20 ～ 30 分钟，可起到止血、止痛的效果，有效减轻肿胀。如果扭伤超过 3 天，为了改善受伤处的血液和淋巴液循环，有利于淤血和渗出液的吸收，可采用热敷法。用浸过热水或热醋的毛巾敷于伤处，5 ～ 10 分钟更换 1 次，每天 1 ～ 2 次，每次约 30 分钟。

（4）落枕：落枕局部疼痛可以用毛巾热敷，并轻轻揉捏、敲打痛处，可以缓解疼痛。或用按压穴位的方法，在食指与中指之间有个落枕穴，用大拇指尖对准此穴，连续按压 3 ～ 5 分钟，直到有酸胀感为止。同时患者尝试活动颈部。半小时后，再用上述方法按压一次，效果会比较明显。将食醋 100 克加热，以不烫手为宜，用纱布浸热醋敷于疼痛部位，同时活动颈部，每日 3 次，2 天后即可见效。

（5）打嗝：在舌头下放 1 勺糖，可以收到立竿见影的效果。嘴中含一口水，等到"嗝"要发出时，身体微微前倾，迅速将水吞下。用一个小塑料袋罩住自己的口鼻，进行 3 ～ 5 次深呼吸。将呼出的二氧化碳重复吸入，增加血液中二氧化碳的浓度，来调节神经系统，抑制打嗝。用指甲掐手腕内侧上二横指处的"内关穴"，止嗝效果也是很不错的。

13. 巧辨小儿缺锌

锌在人体中发挥着极其重要的作用。缺锌会使儿童生长缓慢，身材矮小，生殖器官发育落后，免疫功能差，反复发生感冒，头发枯黄易脱落，伤口愈合慢等。

儿童缺锌时表现厌食，味觉减退，甚至发生异食癖（爱吃泥土、蛋壳、瓦片、烟蒂等），常有反复出现的口腔溃疡等。鼓励孩子多吃些鱼、瘦肉、动物肝脏、鸡蛋等含锌丰富的动物性食物，养成良好的饮食习惯，不挑食，不偏食。

14. 儿童夜间打鼾需治疗

儿童夜间睡眠打鼾的原因是扁桃体和腺样体肥大。扁桃体肥大经张口压舌易诊断，但腺样体要通过鼻咽部CT或者纤维鼻咽镜检查才能看到。腺样体是位于鼻咽顶部的一个淋巴组织，在儿童时期最大，12岁之后开始萎缩。腺样体肥大，是导致中耳炎和听力下降的"罪魁祸首"。

睡眠打鼾对儿童身心健康有较大损害，须及早治疗。目前，切除腺样体所采用的是经鼻窦内窥镜切除术。此手术出血少且切除干净，不易复发，对孩子身体损伤小，术后恢复快。

15. 肝炎病人如何选用保肝药物

乙型肝炎是一种相对自限性疾病，治疗强调隔离、休息、合理饮食、适当营养，特别是用药要保肝不伤肝。选择一两种（剂）中西药物，以促进肝细胞修复。

治疗肝脏疾病的药物有百余种，按药理作用可分为抗肝炎病毒药、保肝药和抗脂肪肝药。肝病患者常常伴有营养不足，可通过饮食疗法来纠正，一般不需要药物治疗。对于有严重营养不良、维生素缺乏、进食量少或长期静脉内补液的患者，应补充维生素、矿物质和微量元素。选择能保护肝细胞，促进肝细胞的再生，或改善肝内微循环，减少纤维化，防止肝脏进一步损害，毒副作用很小的保肝药物。

水飞蓟宾类药物是一类天然植物保肝药，毒副作用非常小，目前已广泛应用于治疗肝脏疾病。

16. 高血压的征兆

高血压起病缓慢，个别患者症状不明显，因此，了解高血压的征兆对及早治疗非常有好处。

（1）头疼：疼痛部位多在后脑，并伴有恶心、呕吐感。若经常感到剧烈头痛，同时又恶心作呕，很可能是向恶性高血压转化的信号。

（2）眩晕：女性患者出现较多，可能会在突然蹲下或起立时眩晕。

（3）耳鸣：双耳耳鸣，持续时间较长。

（4）心悸气短：高血压会导致心肌肥厚、心脏扩大、心肌梗死、心功能不全等，都有心悸气短的症状。

（5）失眠：失眠症状有入睡困难、早醒、睡眠不踏实、易做噩梦、易惊醒，与大脑皮质功能紊乱和自主神经功能失调有关。

（6）肢体麻木：常见手指、脚趾麻木或皮肤如"蚁行感"，手指不灵活。身体其他部位也可能出现麻木、感觉异常，甚至半身不遂。

17. 家庭小验方

（1）高血压：将芹菜50克洗净去叶，梗与大米50克煮成粥。叶子洗净，待粥煮沸后加入，稍候即可饮服。

（2）流感：绿豆25克捣烂，加入茶叶15克，用清水1碗煎煮15分钟，去渣后加红糖50克，一次饮服。

（3）消化不良：将甘薯粉加红糖与水拌合，倒入锅中，以中火煮。不时搅动，待成透明浓糊状时倒入少许酒。继续翻搅数下，盛起即可食用，一服见效。

（4）胃溃疡：将花生米50克浸入水中，30分钟后取出捣烂。将鲜牛奶200毫升倒入小锅中煮开，加入捣烂的花生米，煮开后晾凉，加蜂蜜30毫升，睡前食用，每日1次。

（5）阳痿：细辛5克，用开水冲泡3次，代茶饮。

（6）白发：菠菜根20克，茄子皮20克，黑豆30克，加水煎服，每日1～2次。

（7）脚气：阿司匹林研成细面，擦患处。牙膏少许，涂敷于洗净的患处，每日3～4次。冬瓜皮50克熬汤，趁热先薰后洗，每日1次，可治疗多年脚气。

18. 热汗淋漓需防"汗闭"

从中医角度来看，汗与鼻涕、眼泪、口水、唾液共称为五液。出汗过多会耗气，也会伤及津液而损于心血，但出汗过少或不出汗也不好。

由于外界或身体机能的原因，使汗腺减少或不产生汗液，身体局部、全身少汗或完全不出汗，称为"汗闭"。例如，当你在大汗淋漓的状态下突然被凉风一吹或冷水一淋，觉得"舒服"的同时会感到一阵战栗，继而不再出汗。这种情况造成的"汗闭"危害更大，因热不能泄会造成湿热内蕴，导致浑身不适、头昏脑涨、四肢无力，重者会出现发热、口渴、头痛、咽痛、关节痛等症状，还可促进血栓形成。这对心血管病人或有心血管疾病隐患的人来说，容易诱发中风，甚至猝死。

因此，人从高温环境进入低温房间之前，应将汗液擦干；使用空调时，室内外温差不能过大；电扇宜开低挡；大汗淋漓时，绝不能用凉水淋浴。一旦发生汗闭，及时洗个温水澡，服用一些解表化湿的中药如藿香正气散（丸）等，待发汗后即可好转。如有病毒或细菌乘虚而入，并发上呼吸道感染，就要按"上呼吸道感染"处理。

19. 如何预防"烂嘴角"

"烂嘴角"是口角炎的俗称，表现为口角潮红、起疱、皲裂、糜烂、结痂、脱屑等。患者张口易出血，连吃饭说话都受影响，口角炎是儿童秋季的常见症状。口角炎的诱因是冷干气候，使口唇、口角周围皮肤黏膜干裂，病菌乘虚而入造成感染；若膳食中摄取的维生素减少，也会导致维生素B缺乏性口角炎。

（1）加强营养，不偏食、不挑食，多吃富含B族维生素的食物。如动物肝脏、瘦肉、禽蛋、牛奶、豆制品、胡萝卜、新鲜绿叶蔬菜等。因B族维生素易溶解于水，因此，米不要过度淘洗，蔬菜要先洗后切，切后尽快下锅，炒菜时可加点醋。这些做法都有利于维生素的保存和吸收。

（2）多吃润燥食物。中医认为，口角炎是秋燥引起的，预防主要是润燥。百合、银耳、芝麻、核桃、甘蔗、牛奶、蜂蜜均为润燥养肺益气之佳品，可以多吃。辛辣油炸的食物则少吃为妙。

（3）注意面部皮肤保健，保持口唇清洁卫生。如口唇发干，可以涂少许甘油、油膏或食用油等。家长要告诉儿童，"烂嘴角"不要用舌头去舔。

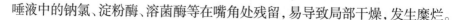

唾液中的钠氯、淀粉酶、溶菌酶等在嘴角处残留，易导致局部干燥，发生糜烂。

（4）一旦患了口角炎，可服复合维生素 B，局部涂用硼砂末加蜂蜜调匀制成的药糊，用冰硼散或青黛散局部涂抹也有效。若有白色念珠菌感染，可用 5% 克霉软膏外搽，数天后即可痊愈。

20. 谈腹泻的治疗

急性腹泻大部分是由各种病毒、细菌、原虫等微生物引起，统称为感染性腹泻。常见的致泻微生物有轮状病毒、志贺菌、空肠弯曲菌、致泻性大肠杆菌、副溶血弧菌，还有霍乱弧菌、沙门菌、隐孢子虫等。一旦发生了严重的急性腹泻，患者应及时就诊，查明原因后予以针对性治疗，而不要自作主张滥用抗生素。研究表明，30% 的腹泻患者需要用抗生素的则一定要用，如不及时应用，不但腹泻治不好，还会影响工作生活和身体健康，甚至有生命危险。70% 不应该用抗生素的就一定不要用，如果滥用，不但不利于腹泻治疗，反而带来多种副作用，如产生耐药菌株。

需要用抗生素治疗：菌痢、霍乱、婴幼儿沙门菌肠炎、各种重症腹泻、免疫功能低下人群的腹泻。在大便化验结果报告未出来、诊断还未明确之前，先看大便性状，如果大便带脓血，一定要用抗生素；12 岁以下的腹泻患儿，突然发热、面色苍白、四肢发凉、肌肉发紧，一定要用强有力的抗生素，如环丙氟哌酸、头孢三嗪等；一些特殊人群的腹泻患者，如严重糖尿病、白血病、肝硬化、晚期癌症病人及老人，也要用抗生素。当然，应该服用什么抗生素，怎样服用抗生素，都须遵医嘱。

对不需要使用抗生素的腹泻患者，根据病情采取不同的治疗措施和药物，促使肠道恢复正常功能。一类药为肠黏膜保护剂，常见的有思密达。该类药物来源于纯天然物质，很安全，在肠黏膜表面形成一层保护膜，吸附有害病菌及其毒素，使病原物不易侵入肠壁，促进肠黏膜再生修复。另一类药为微生态调节剂。人体中存在很多正常细菌，如双歧杆菌等，主要分布于肠道，是有益菌。如果正常细菌比例失调，就会出现腹泻，又进一步加重菌群失调。微生态制剂可促进正常菌群恢复，起到治疗腹泻的目的。第三类为中药，对某些慢性腹泻有效，中药保留灌肠是一种安全有效的治疗方法。

腹泻患者要继续进食，不能靠输液、吃补药、吃营养品补充营养。由于身体失水，患者还要补液。

21. 正确治疗慢性咽炎

慢性咽炎为咽部黏膜、黏膜下及其淋巴组织的慢性炎症。病因主要为急性咽炎的反复作用，鼻腔鼻窦和鼻咽部炎性分泌物刺激，扁桃体慢性炎症，烟酒过度、粉尘、有害气体等的刺激，以及喜欢吃刺激性食物等。另外，贫血、气管疾病、肝肾疾病等患者，也易患本病。

慢性咽炎病人的症状多种多样，主要有咽干、咽部不适感、异物感、痒感、灼热感，还可有咽部微痛。急性发作期间，咽痛可能较为剧烈。由于咽后壁常有较黏稠分泌物刺激，部分病人出现晨起刺激性咳嗽，早上起床和刷牙时特别明显，伴恶心。

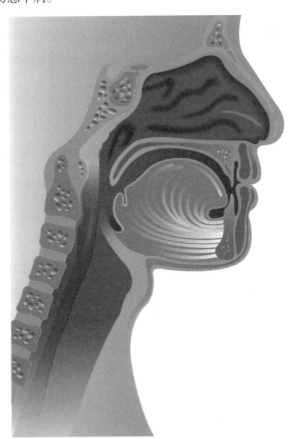

（1）慢性咽炎一般不需要抗生素治疗，因为慢性咽炎并非细菌感染。许多慢性咽炎患者要求医生给予抗生素治疗，甚至自行到药房购买抗生素服用。这样滥用滥服抗生素有害而无益，可能导致咽喉部

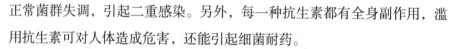

正常菌群失调，引起二重感染。另外，每一种抗生素都有全身副作用，滥用抗生素可对人体造成危害，还能引起细菌耐药。

（2）慢性咽炎主要是针对病因治疗，如戒烟戒酒，积极治疗急性咽炎和鼻腔、鼻窦、扁桃体的慢性炎症，改善工作和生活环境，避免粉尘及有害气体的刺激，加强锻炼，增强体质，预防感冒等。病人如有咽干、咽痛，可选用华素片、草珊瑚含片、银黄含片、泰乐奇含片、西瓜霜含片等，以减轻或解除症状；选用中成药，如万应胶囊、清咽利喉颗粒、一清胶囊、十味龙胆花颗粒等。如果患慢性肥厚性咽炎，咽干、咽部异物感明显时，可采用分次激光、冷冻或电灼治疗。

（3）慢性咽炎易反复，如身体疲劳、受凉、烟酒过度、进刺激性食物、气候突变及吸入寒冷空气等情况。患者咽干、咽痛较为剧烈，部分患者还有发热，检查常见咽部黏膜急性充血、肿胀，血常规检查白细胞增高，中性粒细胞百分率增高。此时，可在医生指导下使用广谱抗生素治疗；或做药敏试验，选用抗生素治疗3～5天，急性症状消失后马上停药。同时患者多休息，多饮水，进流质饮食。

22. 自我按摩，巧治鼻炎、鼻窦炎

有的人患鼻炎、鼻窦炎，鼻腔长期感觉不适，鼻塞不通气，并不由自主地发出"吭吭"的声音，尤其在大庭广众之下，自己感觉不妥，别人听了也不舒服。

（1）按摩治鼻炎、鼻窦炎。用双手食指同时按摩靠近眼内角的鼻梁，由上到下为一次，共80次。按摩后，呼吸会感觉轻松畅通。用双手中指同时旋转揉按迎香穴位（鼻翼两侧），顺时针方向，揉按50次，逆时针方向揉按50次，鼻腔感觉通气。用食指、中指揉按印堂穴（两眉中间、鼻梁上方），顺时针方向揉按50次，逆时针方向揉按50次，鼻腔感觉轻松、舒适。每日早、晚各一次，坚持半个月便可见效，3～5个月后可痊愈。在患感冒鼻塞时，也可以使用此按摩法。

（2）足底按摩治鼻窦炎。此法要按摩反射区（或脚趾末端踢地下、墙壁均可）——鼻子、额窦、上身淋巴结、胸部淋巴结。鼻子（反射区有交叉）：在双脚大脚趾骨末端处。按摩的方法是扣住骨末端，然后滑动按摩。额窦（反射区有交叉）：在双脚5个脚拇趾末端处，刚好在脚指甲下方，由下往上按摩。上身淋巴结：位于脚背双脚内侧，踝关节上方，用手触摸时有一凹陷。要从外侧往内侧按摩。按摩上身淋巴结，对肚脐以上器官的发炎症状均可达到消炎止痛效果。胸部淋巴结：位于双脚脚背大拇趾与食趾之间的凹陷处。由外侧往脚后跟按摩。淋巴液有疏通血管的作用，也能在肠内吸收和运送脂肪，淋巴球更能吞噬细菌，增强抵抗力。

23. 拔牙不可太随意

拔牙要根据个人情况，慎重考虑后决定。有下列病史的病人，拔牙不可太随意。

（1）急性炎症期的病人是不能拔牙的。患者应控制感染，适当推迟拔牙时间。

（2）心脏病患者如果有下列情况，不宜拔牙：6个月内发生过心肌梗死，心绞痛，充血性心力衰竭，未控制的各种心律不齐等。高血压、心脏病患者，拔牙前1小时可口服适量镇静剂，以消除恐惧、紧张情绪，减少并发症。

（3）有血液系统的疾病，如贫血、血友病（凝血因子缺乏病）、血小板减少性紫癜、白血病等患者，不可贸然拔牙，否则，会引起出血不止等并发症，甚至生命危险。如必须拔牙，应在治疗并缓解后进行，拔牙前后应使用止血药物并严格控制感染。

（4）糖尿病患者拔牙后容易引起创口感染并波及周围组织，创口很难愈合，还会加重糖尿病。如果必须拔牙时，必须等血糖正常、全身无不适时才可以。在拔牙前后，常规使用抗生素预防感染。

（5）对于甲状腺功能亢进患者，拔牙可导致甲状腺危象，甚至有生命危险。甲亢和慢性肾炎患者不经内科治疗，也不宜拔牙。

（6）女性患者月经期有可能发生代偿性出血，应缓期拔牙。妇女在孕前3个月和后3个月内拔牙易致早产，在孕期的第4~6个月拔牙较为安全。

24. 感冒用姜汤并非万能方

用生姜煮水治疗感冒是民间良方。当人受到风吹雨淋、风寒侵袭，及时喝一碗生姜汤，可以防治感冒。生姜辛温，能发汗解表、理肺退气。但姜汤只适用于风寒感冒，若用来治疗风热感冒或暑湿性感冒，则会助长热势，使病情加重。

药用姜有生姜、炮姜、干姜之分，有不同的药性。生姜是指鲜品，味辛性温，既可发散风寒，又可止呕；干姜为姜母的干燥品，味辛性热，专治脾胃虚寒；炮姜经过炮制，辛味减轻，具温经止血之功效，多用于虚寒性出血症。

用姜治风寒感冒，以鲜姜最适宜，也可以用干姜代替，但效果不如鲜生姜。对于风热感冒可选用板蓝根冲剂、银翘解毒片等；暑湿性感冒应选用藿香正气胶囊（丸）。若感冒病情严重，要及时就诊。

25. 流行性感冒与普通感冒的区别

流行性感冒（简称流感），是由流感病毒引起的急性呼吸道传染病。流感的传染性很强，常暴发性流行。一般流感在冬春季流行，每次可能有20%~40%的人会传染上流感。单纯型流感患者，表现突然畏寒、发热、头痛、全身酸痛、鼻塞、流涕、干咳、胸痛、恶心、食欲不振，婴幼儿或老年人可能并发肺炎或心力衰竭。中毒型流感患者，表现高热、说胡话、昏迷、抽搐，甚至有生命危险。流感易传染，故应及早隔离和治疗。

普通感冒，俗称伤风，是由鼻病毒、冠状病毒及副流感病毒等引起。这些病毒存在于病人的呼吸道中，经飞沫传播。普通感冒较流行性感冒传染性要弱得多，一般人在受凉、淋雨、过度疲劳后，因抵抗力下降才容易得病。所以，普通感冒往往是个别人出现。普通感冒发病时，多数是低热，很少高热，患者表现鼻塞流涕、咽喉疼痛、头痛、全身酸痛、疲乏无力，症状较流感轻微。

流感是传染性很强的呼吸道传染病，所以在流感流行的地区，应避免集会或举行群众性活动。人们外出应戴口罩，以减少传染机会。室内开窗通风，衣服被褥常洗晒。

流感病人卧床休息，给予易消化吸收的食物，多饮水，可服复方阿司匹林（即 AAPC）、克感敏、银翘解毒片等。如有高热，可给予输注葡萄糖盐水；如有肺炎、心力衰竭或昏迷抽搐等，对症治疗。普通感冒可酌情应用羚羊感冒片、感冒冲剂、银翘解毒片等，APC、克感敏等也有疗效。病人多饮水、洗蒸气浴或用热水洗脚，都能促进感冒早愈。普通感冒病人除非合并细菌感染，一般不用抗生素治疗。

26. 秋冬防感冒热饮方

秋冬季感冒多发，家中可备些热汤热饮，晚上睡觉前饮用，可以有效预防感冒。

（1）葱白汤：葱白 100 克，切碎煎汤，趁热饮。

（2）姜茶汤：生姜 10 片，茶叶 7 克，煎汤，趁热饮。

（3）姜枣汤：生姜 5 片，大枣 10 枚，煎汤，趁热饮。

（4）菜根汤：大白菜鲜根 200 克，切片煎汤，趁热饮。

（5）萝卜汤：萝卜适量，切片煎汤，加食醋少许，趁热饮。

（6）三辣汤：大蒜、葱白、生姜适量，煎汤，趁热饮。

（7）姜糖茶：鲜姜末 3 克、红糖（或白糖）30 克，开水冲泡，代茶饮。

（8）橘皮茶：鲜橘皮 50 克，糖适量，开水冲泡，代茶饮。

（9）菊花茶：菊花 6 克，开水冲泡，代茶饮。

27. "闪了腰"怎么办

人们在干家务活时，由于用力过猛或姿势不当，会突然"闪了腰"，不仅感觉腰痛，还向臀部、大腿后侧及足跟方向窜着痛，以致疼得直不起腰来，甚至不敢咳嗽。

这种病人，轻的在硬板床上躺 1 ～ 2 周即可痊愈，重的则要进行按摩治疗。如果第一次闪腰经治疗症状减轻或治愈，但此后稍有不慎或用力不当就发生腰腿痛者，可用体育疗法治疗。

（1）直腿抬高法：病人取仰卧位，下肢伸直，患肢主动上抬，当感觉腰、臀及下肢疼痛时也不要停止运动，仍力求超过该限度上抬。

（2）划船运动法：背靠墙端坐，下肢伸直，上肢前屈，力求双手能摸到脚部，像划船的动作。

（3）强迫锻炼法：直腿站立，分别做上身前屈、侧弯及提腿运动，即使做动作时出现疼痛，也不要中断，继续强迫运动。做以上运动要由轻到重，再由重到轻。活动范围也要由小到大，活动次数亦逐日增加，以达到人体的最高耐受程度为准。若治疗后无反应，或为急性腰腿痛病人，应去医院进一步治疗。

28. 伤湿止痛膏新用途

（1）神经性皮炎：把强的松、维生素 B、维生素 C 研末，撒在伤湿止痛膏上，贴在患处，一日换一次，直至痊愈为止。

（2）胃痛：将两张伤湿止痛膏贴在胃疼痛处，15分钟后即会减轻或消失。

（3）气喘：把伤湿止痛膏贴在颈背部、脊柱两侧的"肺俞"穴上，能治气喘。

（4）消化不良：如患者有单纯腹胀、腹泻等消化不良症状，用伤湿止痛膏贴在小腿两侧"足三里"穴位上，疗效显著。

（5）牙痛：将伤湿止痛膏贴在齿龈肿胀处相近的脸颊部位 15 ～ 20 分钟，局部痛胀感即可明显减轻。

（6）头痛：将伤湿止痛膏剪成圆形，贴于两侧太阳穴，10 分钟后头痛可缓解。

（7）感冒退热：将伤湿止痛膏贴于双侧手臂曲池穴位上，半小时后便有退热作用。

（8）鸡眼止痛：用半张伤湿止痛膏贴于鸡眼上，便能止痛行走。

（9）晕车、晕船、晕飞机：在出发前半小时，将伤湿止痛膏贴敷于肚脐或手臂的内关穴上，可防止头晕、呕吐。

（10）老人夜间尿频：将伤湿止痛膏贴在"大关元"穴位上，有一定的疗效。

29. 小儿菌痢慎选抗生素

自夏季到秋末，是细菌性痢疾（简称菌痢）的高发时期。对于菌痢，一般采用抗生素治疗。

（1）普通型：有典型腹痛、腹泻、里急后重和脓血便症状，发热大多在38.5℃。根据患儿病情轻重和体质，可口服、肌肉注射给药，如复方磺胺甲（复方新诺明）儿童片、呋喃唑酮、痢特灵、庆大霉素、诺氟沙星（也叫氟哌酸，婴儿忌用，幼儿慎用）等，亦可联合应用。如复方磺胺甲口服加庆大霉素肌肉注射，一般疗程为 5 ~ 7 天。

（2）重症（包括中毒型）：患儿病情重、情况危急，选用有力的抗生素，口服、肌肉注射或静脉滴注。

青霉素类：如果患儿清醒并能口服，可给予阿莫西林；不能口服或神志不清者，将氨苄西林加入 0.9% 氯化钠液 150 ~ 250 毫升中，静脉滴注。

头孢菌素：口服宜选头孢克洛，按 20 ~ 40 毫克／千克·天计算，分3 次口服。严重患儿，可选用头孢哌酮钠、头孢噻肟钠、头孢曲松，均加入 0.9% 氯化钠液中，静脉滴注。

重症和中毒性菌痢患儿宜联合应用抗生素，如庆大霉素肌肉注射加青霉素或头孢菌素静脉滴注。待病情稳定、症状缓解后，可改为口服及肌肉注射维持治疗，疗程为 10 ~ 14 天。

30. 孕妇患感冒不要乱用药

孕妇患了感冒，应尽快控制感染、排除病毒，同时降体温。轻度感冒孕妇，可多喝开水，注意休息、保暖，口服感冒清热冲剂或板蓝根冲剂等。感冒较重有高热者，可采用物理降温法，如额颈部放置湿凉毛巾等，亦可用药物降温。在选用解热镇痛剂时，要禁用阿司匹林类对胎儿不利的药物，可在医生指导下，使用如醋氨酚等解热镇痛药。

孕妇患感冒时不要轻视，不能随意自行用药，一定要去专科医院诊治，千万不能乱用阿司匹林类药物。

31. 怎样防治痱子和痱毒

痱子又名汗疹，是夏季出汗过多引起的皮肤病。由于痱子常有刺痒和灼热的感觉，搔抓易引起皮肤感染，感染向深部发展，会引起汗腺发炎、化脓，形成痱疖，俗称痱毒。

痱子和痱毒的防治很简单，主要是保持皮肤清洁和干燥。炎热季节，应用温水勤洗澡，千万不要用凉水和肥皂擦洗。洗完澡立即擦干，再扑些痱子粉或爽身粉，或用1% ~ 2%薄荷炉甘石洗剂涂于患处。

痱毒一经形成，则要用抗生素治疗。外用10%硫黄鱼石脂软膏或如意金黄散，以促进吸收，千万不要挤捏。用中药煎剂外洗，也会起到防治作用。如用薄荷煮水加糖代茶饮，或用金银花茶9克、菊花9克、鲜藿香9克、佩兰9克、甘草9克，煎汤代茶。局部治疗可用马齿苋水外洗或冷敷。

九、养生之道

1.营养好不好身体有信号

（1）口部信号：若发现口角发红，长期干裂，而且口唇和舌痛，很可能是因营养不足而患上了口角炎，多是缺乏铁质和维生素 B_2（核黄素）、维生素 B_6 而引起。要多吃菠菜、猪肉、牛肉、动物肝脏、豆类等食品。

（2）唇部信号：如果嘴唇皮肤开裂、脱落，说明缺乏维生素，要多吃青菜、柑橘、西红柿、马铃薯等。

（3）舌部信号：若发现舌头过于平滑，味蕾变得突起、发红，舌尖两侧发黄、发白，说明缺乏叶酸和铁质。要多吃动物肝脏、菠菜等含叶酸丰富的食品。

（4）鼻部信号：若鼻子发红、油腻光亮，常脱皮，说明体内缺锌。大部分食品中含有锌，只要不偏食，缺锌就可以得到纠正。

（5）指甲信号：指甲上有白点，表示缺锌；指甲容易断裂，说明缺铁。要多吃菠菜、动物肝脏和猪、牛、羊肉。

（6）头发信号：脱发，拔除头发时没有疼痛感，发丝易缠卷，说明缺乏维生素 C 和铁质。头发色泽变浅、变淡，是维生素 B_{12} 偏低的信号。要多吃乳类、动物肝脏、鱼类和豆类食品。

2.有些人不宜大笑

常言道，"笑一笑，十年少"，但有隐性疾患的人不宜大笑。

（1）高血压患者不宜大笑，以免加剧血压升高，诱发脑出血。

（2）心肌病患者不宜捧腹大笑，以免加重心肌缺血，导致心力衰竭，甚至心腔破裂。

（3）脑血管疾病等处于恢复期的患者，不宜放声大笑，以防病情反复。

（4）胸腔、腹腔经外科手术后刀口未愈合完全患者，不宜爽朗大笑，以免影响刀口愈合，加剧疼痛。

（5）疝气患者不宜大笑，以免增加腹腔内压力，导致疝囊增大。

（6）人饱餐后不宜大笑，以防诱发阑尾炎或肠扭转。

3. 老花镜当配则配莫迟疑

如果中老年人出现了老花眼，强撑着不戴老花镜，那么睫状肌过于疲劳，定会加重阅读时的困难，产生头昏眼花等许多症状，影响生活和工作，这是很不明智的。所以，老花镜当配即配，不要延误。

配老花镜首先要去验光，了解自己双眼的屈光状态。有些人两只眼睛花的程度不一致，或者原先还有远视、近视、散光，如果不经验光就买一副老花镜来戴，会引起复视、眼胀，使视力下降。即使两眼视力比较一致，

也要经过准确验光。老花镜片的度数若小一些，看清楚的距离则远一些，看清楚的范围大一些；相反，若老视镜片的度数大一些，则看清楚的距离近一些，看清楚的范围小一些。有的中老年人看远看近都需要眼镜的帮助，那就要配两副眼镜了。要是嫌两副眼镜太麻烦，也可以选用屈光度能渐增的多焦渐变镜片。

4. 秋冬防病"六字经"

秋冬季节气温降低，室内外温差较大，易感冒，老年人不妨试试"六字经"。

（1）洗：早起，冷水洗脸；晚上睡觉前用热水洗脚，每天各一次。

（2）漱：每天早晚各用淡盐水漱口一次，以杀死口腔里的病菌。

（3）跑：每天早晨慢跑 10 分钟，以微见汗为好。

（4）搓：两手置于胸前，对掌相搓 20 ～ 30 次，以掌心发热为度。

（5）拍：两手臂伸展，两掌交替轮流拍胸各 20 次。

（6）饮：晚睡前，用红糖（或白糖）30 克，鲜姜末 3 克，开水冲泡，代茶饮。

5. 睡前一杯水可防脑血栓

一般老年人脑血栓多发，与高血压、动脉硬化、血液黏度增高等因素密切相关。事实上，老年人的血黏度越高，越容易发生脑血栓。

血液在人体血管内流动，就像是河水，流速越快，沉淀越少；反之，流速越慢，沉淀越多。血黏度增高势必导致血液流速减慢，血液中的血小板、胆固醇、纤维蛋白等便沉淀下来，在血管壁上越积越多。若再合并有高血压、动脉硬化等疾病，会导致脑血栓形成。一天中 4 ～ 20 时血黏度最高，逐渐降低，至凌晨达到最低点，再逐渐回升，至早晨再次达到峰值。这种规律性的波动老年人表现得更为突出。此外，脑血栓的发病时间多在早晨至上午期间，说明血黏度增高与脑血栓有一定关系。

另有研究证实，在深夜让老年人喝 200 毫升市售矿泉水，则早晨血黏度不仅不上升，反而有所下降。因此，医学界普遍认为，晚上饮水的确可以降低血黏度，维持血流通畅，防止血栓形成。当然，脑血栓发生的原因是多方面的，血黏度增高只是其中之一，但至少可以肯定，养成睡前喝一杯水，对预防脑血栓会起到一定的作用。

6."水疗"与健康

水对人体的功用，主要是帮助消化，排泄废物，润滑关节，平衡体温，维持细胞机能，以及维持淋巴、血液等的代谢。

补充水分可以防止人体老化（保持皮肤光泽），安定精神，缓解便秘，减轻尼古丁毒害，治疗感冒，预防膀胱炎、肾结石和尿道结石，消除运动后的疲劳等。水疗法，包括大量饮水，将身体浸泡在水中，多吃富含维生素、矿物质的食物等。水疗法的饮量为一天最少要喝4次水。水疗法有很明显的功效，1周后即有促进食欲，减轻肩酸腰痛的感觉，头痛晕眩、失眠症状也能获得改善，3个月后各种慢性病都能缓解，如气喘、糖尿病、高血压、肝脏病、风湿等。当然，肾病、心脏衰竭、肝硬化患者就不宜喝太多的水。

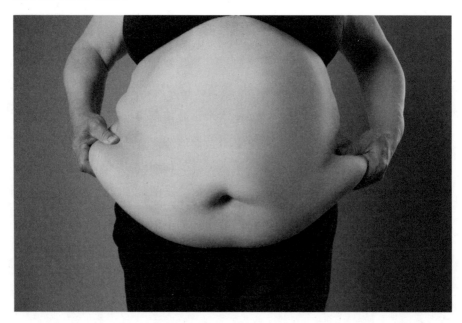

7. 腹围大了毛病多

不少中年人和生育过的妇女有腹壁松弛的现象，腹部向前膨出，腹围很大，腹肌不结实，这虽然不是一种疾病，却是许多疾病的诱因。

（1）**导致便秘**：排便时需要腹肌有地收缩，以增加腹内压，帮助排便。腹壁松弛的人腹肌软弱无力，所以有不少人易患便秘。

（2）**诱发腰痛**：由于腹肌无力，腹部向前膨出，身体重心前移，为了适应这个变化，腰椎前突增加，下背部的肌肉受到过分牵拉，易引起劳损，产生所谓的"功能性腰痛"。

（3）**引起消化不良**：腹壁松弛的人往往腹部脂肪堆积过多，使血液循环负担加重，腹腔较易淤血，影响消化吸收功能，容易引起消化不良。

所以，有了腹壁松弛现象，要注意矫正，进行全身性的锻炼，如屈腿、举腿、踏车、摸足尖等。这些运动都可在床上进行，取仰卧位姿势。两腿同时屈膝提起，使大腿贴腹，然后还原，重复十几次；两腿同时举起，缓慢放下，重复十几次；踏车是轮流屈伸两腿，模仿踏自行车的运动，动作较快而灵活，屈伸范围尽量大，持续 20 ~ 30 秒钟；摸足尖时从仰卧位坐起（姿势不限），身体前倾，两手摸足尖，做 7 ~ 8 次。根据自己的体力，每天做上几轮，对锻炼腹肌、收腹有较好效果。

8. 简易养生十二法

（1）**梳头**：用梳子或手指均可，每日梳数十至百下，具有按摩头皮、醒脑开窍的功效，对视力、听力也很有帮助。

（2）**鸣鼓**：以手掌紧压住双耳数秒，然后迅速脱离，此法可振动耳膜，减缓耳窝退化。闲时也可常按摩耳朵，不论揉、挑、弹各种手法均可，可立即改善头痛、晕车等诸多不适。体质虚弱者常按摩耳朵，还可防止感冒。

（3）**揉眼**：用手掌揉按眼睛、眼眶四周，促进眼周血液循环，可明目、醒脑，还兼具美容作用。

（4）**捏鼻**：常以两手食指摩擦鼻翼两旁的迎香穴，或在鼻上搓捏，可促进嗅觉灵敏，减少鼻过敏或呼吸道感染机会。

（5）叩齿：齿对齿轻叩，或牙齿空咬，可防止牙龈退化、牙周病等；此法还可促进脸颊肌肉活动，使脸颊丰润，防止双颊下垂。

（6）吞津：漱口几次，然后吞下口水。人的唾液未接触空气氧化时，并不会有异味，反而有股香甜滋味。唾液中含有许多消化酶与营养成分，常吞津有助消化功能。

（7）转颈、耸肩：肩颈部有脊椎和许多通往头部的重要血管，常转动颈部，耸耸肩膀，帮助肌肉活络，年老时发生脑血管疾病的概率会大幅降低。

（8）干擦：用手掌或干毛巾在脸部抹擦数回，胳膊等裸露处也可抹擦，有助于皮表循环、皮肤润泽。

（9）拍肩：左手自然上甩拍右肩，右手拍左肩交替，也可用手掌自然交替拍腿。

（10）转腰：右手顺弯腰之势向左脚尖伸展，起身，换左手向右脚尖伸展，轮替数回。

（11）握拳：双手紧握后放松，反复数回，直立或坐姿时均可进行。

（12）踩脚尖：右脚跟踩左脚尖，左脚跟踩右脚尖，交替数回。

9. 老年养腿法

（1）干洗脚：用双手紧抱一侧大腿，从大腿根向下稍用力按摩，一直到足踝，然后再从踝部按摩至大腿根。用同样的方法按摩另一条腿，重复 10 ~ 20 遍。这样可使关节灵活，腿肌与步行能力增强，预防下肢静脉曲张、下肢水肿及肌肉萎缩等。

（2）揉腿肚：用两手掌夹住腿肚，旋转揉动，每侧揉动 20 ~ 30 次为一节，共做 6 节。此法能疏通血脉，增强腿的力量。

（3）二甩腿：一手扶墙或树，先向前甩小腿，使脚尖向前向上翘起，然后向后甩动，将脚尖用力向后，脚面绷直。两条腿轮换甩动，一次甩

80 ～ 100 次为宜。此法可防止下肢萎缩、软弱无力或麻木、小腿抽筋等。

（4）扭转：两足平行并拢，屈膝微下蹲，双手放在膝盖上，顺时针揉动数十次，然后逆时针揉动数十次。此法疏通血脉，可防治下肢乏力、膝关节疼痛。

（5）扳足：端坐，两腿伸直，低头，身体向前弯，用双手扳足20 ～ 30 次。此法能练腰腿、增脚力。

（6）搓脚：双手掌搓热，然后用手掌揉脚心、两脚各 100 次。此法具有降虚火、清肝明目之功效，可以防治高血压、晕眩、耳鸣、失眠等症。

（7）暖足：俗话说"暖足凉脑"，暖足就是要经常保持双足温暖，每晚都用热水泡脚，可使全身血脉流通。

10. 体育锻炼对高血压病患者有益

大量事实证明，适当的体育锻炼对防治高血压是很有益的。

（1）散步：高血压患者步行后，舒张压可明显下降。在早晨、黄昏或临睡前散步，一般为15 ～ 50 分钟，每天一两次，速度依据个人身体状况而定。

（2）慢跑或长跑：慢跑和长跑的运动量比散步大，适用于轻症患者，慢跑时的最高心率可达 120 ～ 136 次 / 分钟。跑步时间逐渐增多，以15 ～ 30 分钟为宜。速度要慢，不要快跑。冠心病患者则不宜长跑，以免发生意外。

（3）太极拳：打太极拳适于各期高血压患者，效果显著。据北京地区调查，长期练习太极拳的50 ～ 89 岁老人，血压平均值为17.9/10.8 千帕，明显低于同年龄组的普通老人（20.6/11 千帕）。第一，太极拳动作柔和，全身肌肉放松能使血管放松，使血压下降；第二，打太极拳时用意念引导动作，思想集中，心境宁静，有助于消除精神紧张因素，血压下降；第三，太极拳讲究平衡性与协调性，对高血压患者有益。太极拳种类繁多，有繁有简，可根据每人状况自己选择。

高血压患者在进行体育锻炼时，不要过猛地低头弯腰、体位变化幅度过大以及用力屏气，以免发生意外。老年人由于往往患有多种慢性病，体育锻炼时更应注意。

11. 走路能预防疾病

有关专家指出，走路是大多数人，特别是中老年人的最好运动。以适度有力的步伐（每小时 5～6 千米）每天走上半小时，每星期五六次，可起到预防疾病的作用。

（1）**心脏病**：有规律的走路能增强血管的弹性，降低血压，减少甘油三脂和胆固醇在动脉管壁上沉积，使血液不那么"黏稠"，使心脏病发生率减少 50%。

（2）**中风**：科学家对 7 万名医院护士过去 15 年健康的分析发现，那些走路最多的人（每星期走路在 20 小时以上），中风的比率降低了 40%。

（3）**骨质疏松症**：老人多走路，可防止肌肉萎缩，减少或延缓骨质增生、增强骨骼。研究表明，妇女在 20 岁时有规律地进行锻炼并且适量摄入钙质，在 70 多岁时患骨质疏松症的概率就小了 30%。

（4）**糖尿病**：专家研究证明，对那些超重和开始有葡萄糖代谢困难的人来说，每天轻松步行 30 分钟，防止患 Ⅱ 型糖尿病。在大庆、北京的研究表明，运动组与不运动组相比较，糖尿病的发病率减少了 30%～50%。

12. 养眼可以除疲劳

心理学家认为，疲劳并非是由过多的体力或脑力活动引起的，而主要与人的心理状态有关。也就是说，人的不健康心理情绪，尤其是忧虑、紧张、烦恼等，才是导致疲劳的真正原因。经研究发现，消除疲劳最有效的方法是放松，特别是眼部肌肉，因为眼睛消耗的能量占全身神经消耗能量的 1/4。当放松了眼部肌肉，你将会有一种轻松感，逐渐忘掉紧张与烦恼情绪。

（1）**极目远眺**：在室外空旷处或楼上阳台上向远处眺望，看得越远越好。如夜晚星星点点时，可以定视远方的明星，持续数分钟，每日做 1 ~ 2 次。在工作间隙，伸个懒腰，打开窗户，临窗远眺，疲劳就可以一扫而光。

（2）按摩运目：两手摩擦至发热，用掌心热捂两目，反复数次，再把眼球左右旋转（运目）各 100 转，最后用两手掌搓擦两颊和额部 1 ~ 2 分钟，就会感到全身轻松了很多。

（3）闭目养眼：闭目，靠椅静坐，姿势随意，每次持续 3 ~ 5 分钟，一日可重复多次。睡眠是闭目养眼最有效的方法，也是消除疲劳最有效的休息方法。

13. 睡眠也要讲科学

睡眠的时间占人生历程的 1/3，科学睡眠对人的养生保健极为重要。

（1）床铺的选择：一般床铺的高度为 45 ~ 50 厘米，长度应比就寝者长 20 ~ 30 厘米，宽度应比就寝者宽 30 ~ 40 厘米。床铺应该软硬适中，在木板上铺垫约 10 厘米厚的棉垫，能符合人体表面曲线的需要，保持脊椎的正直和正常的生理弧度。

（2）枕头的选择：枕头的高度以 8 ~ 15 厘米为宜，即稍低于肩膀到同侧肩部的距离。枕头过高会加大颈部的弯度，造成颈部疲劳；枕头过低，容易使头部充血，造成颜面浮肿。用香草、野菊花或用泡过的茶叶晒干后做枕芯，清香扑鼻，有助于就寝者入眠。为防治某些慢性病，还可用特制药枕。

（3）被子的选择：选择保温、富有弹性、吸湿性强、重量轻的棉花或蚕丝、羽绒做被子的内胆。被里或被套轻柔，尽量减少和避免对皮肤的刺激。起床后将被子翻过来，同时打开房门、窗户，让空气对流。待 10 分钟后再叠被子。被子要勤洗晒，保持棉絮和被套的干燥。

（4）睡眠的时间：从养生的角度讲，人的四季睡眠应遵循"春夏养阳，秋冬养阴"的原则。春夏宜"晚卧早起"，秋冬宜"早卧晚起"，但最好在日出前起床。正常睡眠时间一般为每天 8 小时，青少年每天需要 9.5 小时的睡眠，60岁以上的人一般每天睡7小时左右即可，体弱多病者应适当增加睡眠时间。

（5）睡眠的姿势：一般以右侧卧位为佳。"卧如弓"的体位，能使人体器官发挥最好的生理功能，周身肌肉和关节完全放松，有利于生长发育和健康长寿。

14. 长期服药埋下癌症隐患

人长期服用某些药物，有致癌的可能。

（1）解热镇痛药：如安乃近与亚硝酸盐反应可生成亚硝酸，后者有致癌性。保太松能抑制骨髓造血功能，可能造成白血病。

（2）激素：甲睾酮、去氢甲睾酮、庚酸睾酮可能引起肝癌。同化激素如苯丙酸诺龙、康力龙等长期应用，易诱发肝癌。枸橼酸氯米芬易诱发卵巢癌。

（3）抗癌药：抗癌药物易继发白血病和膀胱癌。长期应用氨甲蝶呤、氟尿嘧啶，有潜在的继发肿瘤的危险。服用环磷酰胺，易引起膀胱癌。经临床调查研究表明，有致癌性的抗癌药还有苯丁酸氮芥、盐酸氮芥、阿霉素等。

（4）其他：长期使用硫唑嘌呤、环磷酰胺，癌症的发生率比一般人群高，以淋巴瘤、皮肤肿瘤为多见。

15. 慎用中药泡茶

近年来，中草药当茶饮也成为一种时尚，但是药物学专家提醒人们，有些干花、中草药却不宜长期饮用。

（1）胖大海是中药，只适用于风热邪毒侵犯所致的音哑，因声带小结、声带闭合不全或烟酒过度引起的嘶哑，饮用胖大海并无疗效。饮用胖大海会产生大便稀薄、胸闷等副作用，特别是老年人突然失声和脾虚者更应慎用。

（2）决明子虽然有降血脂的作用，但会引起腹泻，长期饮用对身体不利。

（3）虽然甘草有补脾益气、清热解毒等功效，但长期服用能引起水肿和血压升高。

（4）银杏叶含有毒成分，泡茶可引起阵发性痉挛、神经麻痹、过敏及其他副作用，未经加工的银杏叶不可泡茶饮用。

（5）干花泡茶也不是绝对安全，如饮用野菊花茶后少数人出现胃部不适，如胃纳欠佳、肠鸣、便溏等消化道反应，脾胃虚寒者、孕妇不宜饮用。专家指出，不要将干花、中草药当补品饮用。另外，药茶剂量过大、服用时间过长，都可能发生毒副作用。正在服用西药的患者，更不应饮用中草药茶。

16. 不良习惯易诱发癌变

（1）**常生闷气**：人长期处于负面情绪状态，会破坏人体心理平衡和防卫机制，成为一种"促癌剂"。

（2）**过烫饮食**：长期吃过烫食物会使胃黏膜烫伤，黏膜上皮细胞就加快增殖，引起质变。如果食物中含有致癌物质，就会被迅速吸收，可能导致胃癌。

（3）**高盐饮食**：成人每天吃盐7～8克就足够了，吃得过多除易发生高血压外，还会导致胃癌。

（4）**高脂肪饮食**：高脂肪会使体内雌激素分泌量增加，乳腺上皮细胞增生变性，形成癌细胞，发生结肠癌、肺癌的概率增加。

（5）**食物过于精细**：大肠癌的发病率日趋增高，这与动物性脂肪的摄入增加，而纤维素的摄入减少有关。

（6）**食用油炸食品**：油饼、油条、麻花等油炸食品所含的致癌物质不可小视，应该少吃或不吃。

（7）**食用油渣和锅巴**：熬猪油时有机物受热分解，形成强致癌物质3，4-苯并芘。油渣中此物质含量很高，锅巴中也含此物质。

（8）**好吃烧烤食品**：烧烤食物会有大量的多环碳氢化合物，包括3，4-

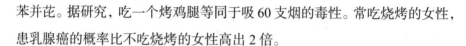

苯并芘。据研究，吃一个烤鸡腿等同于吸 60 支烟的毒性。常吃烧烤的女性，患乳腺癌的概率比不吃烧烤的女性高出 2 倍。

（9）喜食腌制食品：咸菜、咸鱼、咸肉、香肠、火腿等含有硝酸盐或亚硝酸盐，约 90% 有致癌作用。有调查表明，常吃腌制食品者的胃癌发病率要高得多。

（10）长期吸烟：香烟含有害物质有 600 多种，致癌物质就有 40 多种。长期吸烟者的肺癌发病率，比不吸烟者高 10 ～ 20 倍，喉癌发病率高 6 ～ 10 倍，冠心病发病率高 2 ～ 3 倍，气管炎发病率高 2 ～ 8 倍。

（11）经常酗酒：酗酒可灼伤人的胃黏膜，引起慢性胃炎，进而转变成胃癌。

17. 值得注意的生活细节

（1）运动后别吃荤。人在体育锻炼后会感到疲乏，主要原因是体内的糖、脂肪、蛋白质被大量分解，产生乳酸。此时若单纯食用富含酸性物质的肉、鱼等，会使体液更加酸性化，不利于疲劳的解除。食用蔬菜、甘薯、苹果之类的碱性食物，能尽快解除疲劳。

（2）打喷嚏别捂嘴。打喷嚏是人受凉感冒、上呼吸道黏膜受到刺激而引起的一种反应，打喷嚏时捂嘴是有害的。因为人的咽部与中耳鼓室之间有一个"咽鼓管"，维护着中耳与外界的压力平衡。当上呼吸道发生感染时，如果打喷嚏捂嘴，就会使咽部的压力增高，细菌容易由咽鼓管进入中耳鼓室，从而引起化脓性中耳炎。

（3）起床后别叠被。有的人习惯起床后立即叠被子，这是不符合卫生要求的。人们在睡眠过程中所产生、分泌的代谢物，不时地从全身的皮肤毛孔、呼吸道或肠道等途径排出体外。在排出的废气中含有二氧化碳等多种化学物质，对人体是有害的。起床后应将被子翻过来，同时开窗对流，10 分钟后再叠被子。

（4）吃火锅别喝汤。火锅经过长时间的高温沸煮，汤中的味精会生成谷氨酸钠，对人体有一定的危害。即使蔬菜火锅的汤，久煮后也不能喝。

（5）**防干燥别舔唇。** 嘴唇干燥不舒服时，很多人会下意识地用舌头去舔，结果是越舔越干。这是因为唾液中含有黏液蛋白、唾液淀粉酶和无机盐类物质，在舔嘴唇时，犹如在嘴唇上抹了一层糨糊。水分蒸发完毕，这层糨糊发生干缩，感觉更干燥。

（6）**吃药后别躺下。** 人服完药后马上就睡觉，饮水量又少，往往会使药物粘在食管上而不进入胃中。有些药物的腐蚀性较强，会腐蚀食道黏膜，导致食道溃疡。正确方法是，服药时坐着或站着，稍停留片刻。

18. 病人需要重视睡姿

（1）**心脑血管病患者：** 一天的睡眠不应少于 7～8 小时；最好采用右侧卧位；睡觉时，可以适当垫高下肢，稍高于心脏水平位置，这样有利于改善微循环；早起后和晚睡前应适量饮水。

（2）**有脑卒中后遗症者：** 有肢体偏瘫的患者应该遵医嘱，根据自身情况采用特殊卧姿，保证患肢的血液循环和功能位，有助于肢体的康复。

（3）**肥胖者：** 多数人喜欢在睡眠中采取仰卧睡姿，其实仰卧不利于全身放松，当腹腔内压力较高时，会使人产生憋闷的感觉。尤其是患有睡眠呼吸暂停综合征的人，因为仰卧时舌根后坠，容易造成呼吸堵塞。这类人在睡眠时应该注意抬高上半身，采用侧卧位。

（4）**睡觉时打鼾者：** 睡觉打鼾的人，有 1/4 会造成心脏血管和神经后遗症，但本人不易察觉。由仰睡改为侧睡或俯睡，1/3 的病人可获得改善。

（5）**脊椎病患者：** 有颈椎病的人睡觉时应该拿掉枕头平卧，或把枕头放在颈下，不要让颈部悬空，且不要突然翻身。患有椎间盘突出症者，若处于急性期，最好采取侧睡或仰睡姿势，可减轻椎间盘压力，感觉较为舒服。患有僵直性脊椎炎者，在发病初期为了预防关节变形、驼背等，最好趴着睡，以便尽量撑平脊椎，且床垫可选择稍硬些；如果病情严重，脊椎已经变形，则不必非趴着睡不可，不妨采用自己觉得最舒服的姿势。

（6）**消化系统疾病患者**：胆结石和消化不良患者，宜向右侧睡。因为胆囊像一个瓶子，分为颈部、体部、底部，若向右侧睡，颈口即朝上，胆结石不容易掉到胆囊管内，而引发急性胆囊炎；消化不良的人若向右侧睡，食物较容易掉到十二指肠内，可以帮助消化。

（7）**有肌肉肌膜疼痛症候群者**：若疼痛部位在臀部的梨状肌，则不妨改用侧睡，并在两腿之间夹一个枕头，让肌肉放松；动过人工关节手术者，也适合采取这种睡姿。

（8）**有急性关节炎者**：因为患部发炎、疼痛，患者经常辗转难眠。平躺时双膝下方垫个小枕头，有助于缓解疼痛，其实这么做是错误的。膝关节反而可能屈曲、挛缩，甚至会影响走路。

（9）**下肢静脉曲张或者下肢水肿者**：入睡时不妨把腿部垫高约20°（不可过高），让静脉血液流回心脏，改善循环。

（10）**更年期妇女**：部分更年期妇女会出现心悸失眠、头晕耳鸣、烦躁易怒等症状。不宜过早服用安眠药，而应注意均衡营养、适当休息。睡眠最好采取右侧卧位，四肢放在舒适的位置，这样全身的肌肉也能得到放松。

（11）**长期卧床者**：长期卧床的中风或慢性病人，如果家人疏于照顾，老是平躺着睡，很容易长出褥疮。因此，给病人每两小时翻身一次，由平躺改为侧睡或者趴睡；如果褥疮长在有关骨部位，则不能采取侧卧位，而要仰卧、俯卧。

19.冬天用冷水洗脸好处多

用冷水洗脸是一个很好的习惯，尤其在寒冷的冬天，不仅是一种锻炼，而且对身体健康极为有利。

试验证明，一旦手与脸接触冷水后，大脑便立刻兴奋起来，指挥全身各个系统加强活动，增加产热以适应寒冷的环境。若持之以恒，机体的耐寒能力便可增强。

在冬天冷水洗脸的刺激是较为强烈的，会使面部尤其是鼻腔内的血管收缩。洗完脸后，这些血管又迅速扩张起来，这一张一弛，即是一种良好的"血管体操"。冷水洗脸可预防感冒，对神经性头痛、神经衰弱等亦有一定的作用。

20. 多事之"秋"重保健

立秋之后秋雨渐多、昼夜温差大，易发病，要重视保健。

（1）**中风**：深秋季节冷空气渐强，人体交感神经兴奋，血压升高，易导致中风。首先要重视治疗高血压等原发疾病；及时发现突然眩晕、剧烈头痛等先兆症状；三要注重家庭急救和护理。

（2）**胃病复发**：秋季人体受冷，血液中的组氨酸增多，胃酸分泌增加，胃肠发生痉挛性收缩，抵抗力随之降低，会导致胃病复发。患者要保持情绪乐观，适当活动，改善胃肠道的血液循环，减少发病机会。日常以清淡、易消化饮食为宜，做到少吃多餐、定时定量，戒烟禁酒。

（3）**哮喘病发作**：哮喘病患者对气温、湿度等的变化极为敏感，适应能力较弱，易发病。秋季要避免接触过敏源，随气温的变化增添衣服、被褥，防止受凉；加强营养，重视体育锻炼。

（4）**伤风感冒**：秋季要"春捂秋冻"和加强锻炼，避免伤风感冒。

21. 老年人饮食养生十不贪

（1）**不贪肉**：老年人食肉过多，会引起营养平衡失调和新陈代谢紊乱，易患高胆固醇和高脂血症，不利于心脑血管病的防治。

（2）**不贪精**：老年人长期食用精白米面，摄入的纤维素少了，就会减弱肠蠕动，易患便秘。

（3）**不贪硬**：老年人的胃肠消化吸收功能较弱，如果贪吃坚硬或煮得不熟烂的食物，久而久之，易得消化不良或胃病。

（4）**不贪快**：老年人因牙齿脱落不全，饮食若贪快、咀嚼不烂，就会增加胃的消化负担，还易被鱼刺或肉骨头鲠喉。

（5）**不贪饱**：老年人饮食宜八成饱，否则，既增加胃肠的消化吸收负担，又会诱发或加重心脑血管疾病，发生猝死。

（6）**不贪酒**：老年人长期贪杯饮酒，会使心肌变性，失去正常的弹力，加重心脏的负担。同时老人多饮酒，还易导致肝硬化。

（7）**不贪咸**：老年人摄入的钠盐量太多，容易引发高血压、中风、心脏病及肾脏衰弱。

（8）**不贪甜**：老年人过多吃甜食，会引起肥胖症、糖尿病、瘙痒症、脱发等，不利于身心保健。

（9）**不贪迟**：三餐进食时间宜早不宜迟，有利于食物消化与饭后休息，避免积食或低血糖。

（10）**不贪热**：老年人饮食宜温不宜烫，因热食易损害口腔、食管和胃，还易患胃癌、食道癌。

22. 有利健康的"坏毛病"

在日常生活中，人们会自然而然地养成一些"坏毛病"，可有些"坏毛病"却有利于人的身心健康。

（1）**自言自语**：自言自语看起来觉得有点神经分分，殊不知，自言自语暗合了现代心理学的一条重要原则：疏导使紧张能量得以释放。自言自语对自己有镇静作用，可调整紊乱的思绪，尤其是在紧张劳累和烦乱时，想说什么就说什么，想怎么说就怎么说，没有丝毫的压力和顾忌，这样会让自己感到轻松和愉快。

（2）**站着吃饭**：人们都习惯坐着吃饭，但医学家研究表明，站立位用餐最科学，坐式次之，下蹲式最不科学。这是因为下蹲时腿部和腹部受压，血流受阻，进而影响胃的血液供应。站立式就餐血液流畅，有利于保证胃部血液的供应。

（3）**饭前喝汤**：饭前先喝少量的汤，使消化腺分泌足量消化液，以便充分发挥消化器官功能，有助于对食物的消化和吸收。

（4）常伸懒腰：人伸懒腰会引起全身大部分肌肉收缩，改善血液循环，带走废物，从而有效消除疲劳。

23. 生活习惯与健康

（1）清晨开窗换气不可取：都市空气污染的来源主要有烟尘、尾气、供暖期排放的烟气和植物夜间排出的二氧化碳等，早晨的气压很低，此时开窗换气，"不洁"的空气会影响人体健康。专家认为，每天开窗换气的最佳时间是上午 9:00 ~ 10:00 和下午 14:00 ~ 16:00。

（2）牙刷需要经常换：牙防组织研究发现，牙刷使用时间越长，滋生的细菌就越多。使用 15 ~ 35 天的牙刷上滋生有大量的细菌，如白色念珠菌等，这些细菌会引发多种口腔疾病。因此，牙刷最好每两个月更换一次。患有牙龈炎、口腔炎、咽喉炎等疾病的人，则更应该经常更换牙刷，防止感染。

（3）不宜蒙头睡觉：人蒙头睡觉时间长了，被子里的二氧化碳越累

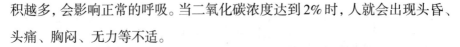

积越多，会影响正常的呼吸。当二氧化碳浓度达到 2% 时，人就会出现头昏、头痛、胸闷、无力等不适。

（4）**清洁湿润鼻子巧防病**：鼻腔是肺的"空调和过滤器"，空气中的灰尘容易滞留在鼻内，还常出现干燥现象。"对症"方法就是清洁和湿润，通常可喷洒些生理性药物雾剂，清洗掉附在鼻腔黏膜上的病菌和杂质，就能预防呼吸道感染和鼻腔炎症。

（5）**不宜经常挖鼻孔、掏耳朵**：鼻子是人体呼吸道的"门户"，鼻腔内有丰富的毛细血管，能分泌黏性液体，湿润干燥空气；鼻腔内的鼻毛，能够过滤灰尘杂质。经常挖鼻孔，不但会损害鼻黏膜，还容易将人手上的细菌带入鼻腔，出现疼痛、鼻干、发热等症状。

耳朵本身有自洁功能，没有必要经常掏，如果掏耳方法不当，容易引起中耳炎，甚至耳道乳头状瘤。

（6）**打哈欠能缓解压力**：人困乏的时候往往哈欠不断，以提醒人体大脑已经疲劳，需要睡眠休息。研究表明，一次打哈欠约为 6 秒钟，能使人全身神经、肌肉得到放松。